新疆艺术研究第三辑

——西域美术研究

西域

玉石文化艺术

周菁葆　孙大卫　主编

新疆文化出版社

图书在版编目（CIP）数据

西域玉石文化艺术 / 周菁葆，孙大卫主编 . -- 乌鲁木齐 : 新疆文化出版社，2023.12

（新疆艺术研究 . 第三辑 . 西域美术研究）

ISBN 978-7-5694-4264-9

Ⅰ . ①西… Ⅱ . ①周… ②孙… Ⅲ . ①玉石 – 文化研究 – 新疆 Ⅳ . ① TS933.21

中国国家版本馆 CIP 数据核字（2023）第 229042 号

新疆艺术研究第三辑——西域美术研究

西域玉石文化艺术

主　编 / 周菁葆　孙大卫

摄　影 / 冯　辉　刘明杰　刘志岗　麦　粒　王　涛

策　　划　王　芬　　　　责任印制　刘伟煜
责任编辑　陈晓婷　　　　装帧设计　王　芬

出版发行　新疆文化出版社
地　　址　乌鲁木齐市沙依巴克区克拉玛依西街 1100 号（邮编：830091）
印　　刷　新疆新华印务有限责任公司
开　　本　889 mm × 1 194 mm　1/16
印　　张　16.5
字　　数　264 千字
版　　次　2023 年 12 月第 1 版
印　　次　2023 年 12 月第 1 次印刷
书　　号　ISBN 978-7-5694-4264-9
定　　价　168.00 元

导 言

中华民族具有5000多年的文明发展史，各民族共同创造了悠久的中国历史、灿烂的中华文化。秦汉雄风、盛唐气象、康乾盛世，是各民族共同铸就的辉煌。多民族多文化是中国的一大特色，也是国家发展的重要动力。我国各民族创作了诗经、楚辞、汉赋、唐诗、宋词、元曲、明清小说等伟大作品，传承了《格萨尔》《玛纳斯》《江格尔》等震撼人心的伟大史诗，创造了万里长城、都江堰、大运河、故宫、布达拉宫、坎儿井等伟大工程。哈尼梯田、花山岩画等14项少数民族和民族地区历史古迹被列入世界文化遗产，新疆维吾尔木卡姆艺术、蒙古族长调民歌、侗族大歌等15项少数民族文化艺术遗产被列入世界非物质文化遗产名录。在漫长的历史长河中，各民族文化相互学习借鉴，相互交往交流交融，最终形成了悠久灿烂的中华文化。

新疆维吾尔自治区地处中国西北，位于亚欧大陆腹地，从汉代至清代中晚期，包括新疆天山南北在内的广大地区统称为西域。本丛书所指的西域为玉门关、阳关以西，巴尔喀什湖以东以南，葱岭以东，我国历代中央及地方政权所管辖的地方。在这片广阔的土地上，自古以来多元文化荟萃，优秀文化成果如繁星灿烂。从原始时期的石器、陶器到神秘的岩画、鹿石、草原石人，从饱经悲壮沧桑的古城遗址到色彩斑斓的石窟壁画、雕塑，从发肤完好沉睡千年的“小河公主”到精美绝伦的“五星出东方利中国”等丝绸织锦，如此丰富多彩的艺术遗存使我们感受到西域独具特色的文化魅力。千百年来，中华优秀传统文化深深融入新疆各民族的血液、骨髓和灵魂，锻造了坚如磐石的“中国根”和“中华魂”，引领新疆各民族同中华民族大家庭其他成员一道，共同开拓了辽阔的祖国疆土，共同书写了悠久的祖国历史，共同缔造了多元一体的中华民族大家庭。

西域美术是西域文化的重要组成部分，一方面在西域文化中占据重要位置，带有厚重的地域文化底蕴，同时亦饱含浓郁的东西方文化色彩，无论在中国艺术史或东方美术史，还是在世界美术史上都有不可替代的学术价值。

西域美术的研究，以往多注重佛教美术方面，也有许多科研成果。公元前4世纪以前，新疆地区流行的是原始宗教，之后祆教、佛教、道教、摩尼教、景教、伊斯兰教等相继传入，并创造了独具特色的美术遗存。

祆教是最早传入新疆地区的外来宗教，《魏书·高昌传》中记载："高昌、焉耆等地俗事天神，兼信佛法。"可知高昌、龟兹、焉耆等地信奉祆教、佛教。龟兹石窟中的佛本生故事壁画"萨缚燃臂引路"应与祆教有关。萨缚燃臂指引商队脱险离开黑暗，正是宣传祆教崇奉光明的思想。后来祆教经新疆地区传入中原地区，影响较大。

大约公元前1世纪，佛教先后传入于阗、疏勒。现发现的造像多为佛、菩萨、天人、飞天等，佛本生、佛传及因缘故事画较少。早期造像深受古印度犍陀罗或秣菟罗（古译名，又译为马图拉）佛教造像风格的影响。于阗是西域较早接受佛教及发展佛教艺术的地区。佛教遗存多为塔和寺院，石窟较少，塔的形制及寺院布局与古印度犍陀罗风格多有相似之处。其中于阗的佛教雕塑中包括热瓦克佛寺遗址的雕塑、丹丹乌里克佛寺遗址的雕塑、约特干遗址的雕塑等。根据本地域的特点，佛教造像多使用泥塑或模制，再进行彩绘妆饰。

道教在西域的流传，显示了中原文化对西域的影响。元代道教在西域盛行，吐鲁番阿斯塔那和哈拉和卓墓出土了体现道教特点的伏羲女娲绢、麻布画等众多道教画作。这些画作不仅在内容构图上结合了中原特点，而且出现了绢画、麻布画等新的绘画形式，并在绘画风格上有所创新和发展，使这一古老的艺术题材焕发新的艺术风采。

此外，西域绘画艺术还受摩尼教的影响。考古发现有大量摩尼教经残片、工笔画、壁画和旗幡等珍贵文物。摩尼教的绘画形式有五种，即壁画、细画、旗幡画、绢画、插图。《回鹘供养人图》中壁画以土红和赭色作底。回鹘王子着红锦袍，上绣精美图案；女子着白色长袍，鸡心翻领，人物脸部丰腴，配以薄施白粉的肤色，更显出圆润、柔软的意味。王子则双目炯炯有神，体态潇洒自若，人物形象写实而典雅。这些供养人画像保存完好，绘工精湛，是摩尼教壁画的艺术珍品。

景教是基督教的一支，自 6 世纪传入新疆地区。景教的绘画遗存极少。目前，我们只能在德国柏林国立美术馆欣赏到那幅被勒柯克 1905 年从高昌故城遗址掠去的《圣枝节图》，还有米兰遗址出土的景教绘画。景教的东渐，将希腊、罗马艺术的画风和技术传入西域，并与西域本土的绘画艺术相结合，形成独树一帜的造型艺术。

西域的雕塑艺术非常丰富，自从佛教传入后，雕塑艺术迅速发展。大约在 3 世纪—10 世纪，雕塑艺术的发展达到顶峰。这一时期的雕塑作品形式较多，有木雕、泥塑、陶塑、石雕、铜铸等。

西域早期的佛教造像具有典型的中亚游牧文化特点，造型简单古朴；魏晋南北朝时期，东西方各种文化在新疆地区汇聚、交融的突出表现就是对犍陀罗艺术的吸收；隋唐时期，新疆地区佛教文化得到多元滋养，寺院、石窟林立，犍陀罗艺术、中亚佛教艺术、本地特色艺术交融发展。龟兹佛教文化以拜城的克孜尔石窟和库车的库木吐喇石窟最具代表性。其中，库木吐喇石窟的佛像雕塑明显受到中原文化的影响。

此外，6 世纪—10 世纪的草原石人、鹿石等也包括在雕塑艺术宝库中，各种雕塑作品交相辉映、美不胜收。

西域书法艺术多见于汉文书法，如汉碑、汉简、汉印、文书等。非常有特色的是佉卢文书法、摩尼教书法、回鹘文书法、婆罗米文与叙利亚文书法、察合台语书法和维吾尔族的书法艺术等。

西域和田玉的捞采使用有着8000多年的悠久历史，和田玉器从作为生产工具和简单佩饰，演变发展到几乎涉及人们生活的各个方面，造型可谓是千变万化，单就用途而言，大致可分为礼乐类、仪仗类、丧葬类、佩饰类、生产工具类、生活用品类、赏玩类七种。其中，除了玉礼器几千年来品种变化不大外，其他几类都随时代的发展而发生了变化。

和田玉驰名中外，用其雕琢的玉器巧夺天工，令人赞叹，往往被视为珍宝。在琢玉过程中出现了许多技艺高超的著名工匠，如琢制秦玉玺的孙寿、宋代琢制玉观音的崔宁、元代广泛传授琢玉技艺的邱长春、明代琢玉嵌宝名师陆子冈等人。现代琢玉工艺在继承传统技法的基础上，更加讲究艺术造型和做工的纤细，品种也大增，尤其是人物、鸟、兽、花卉等。如用羊脂玉雕的双鹿、墨玉雕的双马，形象逼真、惹人喜爱。和田玉的开发利用，历史悠久，源远流长。用和田玉制成的玉器精品，具有浓厚的中国气魄和鲜明的文化内涵，是中华民族文化宝库中的珍贵遗产和艺术瑰宝。

西域美术非常丰富，本辑《西域美术研究》只是选择了其中的绘画、雕塑、书法和玉石来论述。古代多种艺术的碰撞形成的多民族多宗教且各具特色的西域美术，正是丝绸之路上美术交流交融的结果。西域美术与中原地区包括佛教美术在内的整个美术形成了图像与艺术风格的关联，构建了多民族多元一体美术史的坚实基础，极大地丰富了中国美术史的宝库。

西域美术是我国古代艺术遗产中的重要组成部分，其意义远远超出传统“美术”的范畴。美术研究在整个西域研究中占据非常重要的地位，可以说作为“美术”的西域留存文物研究是西域史地研究的主体，对于了解古代西域的风土习俗、社会思想、艺术发展、社会变迁等都具有重要的历史研究价值。以石窟、寺院壁画为主的西域美术对于西域史地学说来说，具有无可比拟的史料价值，是丝绸之路地理与文化变迁的形象展示，也是基于历史视角探索东西方经济文化交流最为直观的研究资料。

微信扫码

发现西域玉石

品阅艺术魅力

编者前言

19 世纪末 20 世纪初，随着斯文·赫定、斯坦因、科兹洛夫、格伦威德尔等人对西域各地古代遗址进行掠夺式盗掘，《古代和阗考》《亚洲腹地考古图记》《西域考古记》《西域考古图谱》《新疆佛教艺术》等对西域文化研究的著作接连出版，在世界范围引起了极大轰动。国内众多一流学者如陈寅恪、王国维、罗振玉、黄文弼、陈垣、冯承钧等皆对西域史地研究投入了极大热情。中华人民共和国成立后尤其是改革开放以来，我国的西域史研究取得了长足的进步，更多新的考古发现得以面世，更多年轻学者投入遗址保护研究之中。

今天，在国家深入实施“一带一路”倡议的背景下，西域考古研究正快速推进，从美术视角对西域视觉图像进行全方位的整理出版，恰当其时。

历经多年的酝酿、策划和积淀，在多方协助下，《西域美术研究》即将面世。本书以汉代至五代宋初的西域美术遗存为主体，同时兼顾汉代之前和宋、元、明、清的部分内容，包括绘画、雕塑、书法、玉器等多种艺术形式。由于涉及西域历史时期地理、宗教、美术等多学科门类，在设计全书体例时，曾有专家建议全书应以西域遗址分卷为妥，一方面便于研究，另一方面力求重构、还原一种完整的文化形态。但西域很多文化面貌和基本年代判断在学界尚存在争议，某些叠压的文化遗址难以完全确定其文化类型及从属关系，所以最终仍以美术门类分卷为绘画艺术（上）（下）两卷、雕塑艺术卷、书法艺术卷、玉石文化艺术卷，共五卷。

一部合乎要求的美术图录著作，不仅需要占有广泛的图像资料，而且需吸收消化已有的学术研究成果。因此，在《西域美术研究》编撰过程中，我们尽可能整合新疆各处石窟壁画，广泛搜集现存海内外博物馆的西域文物，同时收录学者对西域美术相关研究的最新成果。全书以美术类型为主线，将西域古代美术放置于中国古代美术和世界美术体系中，尽可能以最清晰的图像勾勒出西域地区独特的美术面貌。

本书在前人多方研究成果的基础之上，将国内现存的西域美术遗存和流失海外的珍品汇聚成册，是一部反映西域美术面貌的美术图录丛书。限于各方面条件和编者水平，书稿难免会存在不足和缺陷，敬请大家指正。

凡 例

1.《西域美术研究》以汉代至五代宋初的西域美术遗存为主体，同时兼及汉代之前和宋、元、明、清的部分内容，按照美术门类分卷，共五卷，分为绘画艺术（上）（下）两卷、雕塑艺术卷、书法艺术卷、玉石文化艺术卷。

2.玉石文化艺术卷为《西域美术研究》之第五卷，卷首载导言一篇，作为全集之概论，总领五卷，并载编者前言一篇，简述全集之意义。图版按时间、地域编排。

微信扫码

发现西域玉石

品阅艺术魅力

目　录

1 第一章　西域玉石历史溯源
5 第一节　新石器时代的和田玉
14 第二节　商代的和田玉
21 第三节　春秋战国时期的和田玉
28 第四节　汉代的和田玉
36 第五节　隋唐宋时期的和田玉
50 第六节　元明清时期的和田玉
71 第二章　和田玉器的造型艺术与价值
74 第一节　和田玉的特色及品种
76 第二节　和田玉器的造型艺术
81 第三节　和田玉在中国古玉器中的地位
85 第四节　和田玉的代表作品
93 第三章　和田玉器的制作工艺
96 第一节　玉石采集
103 第二节　玉雕设计
109 第三节　黄金白银在和田玉器制作中的应用
115 第四节　古代文献中的制玉技术
123 第五节　制玉技术历史的悠久性
127 第四章　和田玉的分类与特质
130 第一节　和田玉的分类
133 第二节　和田玉的特质
141 第五章　图　版
248 参考文献
249 后　记

微信扫码

发现西域玉石

品阅艺术魅力

第一章　西域玉石历史溯源

DIYIZHANG XIYU YUSHI LISHI SUYUAN

中国古代的玉石文化是一条以和田玉为主线，从未间断的文化。玉器历经8000多年的曲折发展，从简单的装饰品发展为古代宗教祭祀和礼仪用品，又发展为标志高尚道德品质的佩饰，最后上升为内容丰富的艺术欣赏作品，深刻地反映了和田玉器在不同历史时期的社会发展与演变。

微信扫码

发现西域玉石

品阅艺术魅力

第一节 新石器时代的和田玉

古代文献记载，中华大地上不少地方都产玉石，因地质地貌和特定的条件，或以产地赋予玉石名称，或以质地、色调和光泽赋予玉石名称。西域的美玉是以产地命名的，产于昆仑山，古称“昆山玉”，后根据产地名称的变化，先后称“于阗玉”“和阗玉”“和田玉”。

1. 新石器时代玉石的开发和利用

玉石的开发和利用，始于新石器时代。考古资料表明，在距今6000年—5000年前，和田玉开始零星地传播到黄河上游地区甚至长江、汉水流域。大约在距今4000年前，和田玉已经较多地流布于黄河上游地区。在距今3000年前，和田玉开始大量流向中原地区。

在我国新石器时代遗址的出土文物中，发现有玉制器物，这可以大致确定和田玉的开发利用时间。

1979年，新石器时代的新疆罗布泊孔雀河古墓沟墓葬被发掘出来42座，在这座距今3800年的墓葬中发现的软玉质玉珠，为死者颈腕部装饰品。

新疆和田地区于田县阿羌乡流水村是到阿拉玛斯玉矿的必经之地，2002年，由中国社会科学院考古所和中央电视台组成的玉石之路科考队在这里发现了古墓。墓中发现两具尸骨：一为青年，一为中年，均属男性；从头形分析，很像欧罗巴人。墓葬方式是头西脚东。墓中有陶器，包括陶罐、陶盘及陶器碎片。从器形和纹饰分析，这些陶器与齐家文化等我国中原地区的陶器形制相似。特别令人高兴的是，在墓中出土了一件玉佩，呈扁圆形，中间有一个小孔用以系绳。此外，还发现了许多玉石碎片，专家认定，这个墓葬大约距今3000年，是迄今为止在昆仑山发现的最早的有玉器遗存的古墓。

此外，和田玉传入中原地区的时间也在考古过程中得到确认。例如，1976 年在浙江省余姚县河姆渡村东北的河姆渡文化层（公元前 5000—公元前 4750），发现有玉玦、玉瑱、玉珠等新石器时代早期的玉器；1956 至 1973 年，在江苏省吴县草鞋山的马家滨文化层（公元前 4750—公元前 3700）到良渚文化层（约公元前 3300—公元前 2250）中发现各种玉器数十件，其中良渚文化层中的玉器制作很精致，玉琮和玉璧经鉴定为和田玉。1976 年在陕西省神木县的石卯龙山文化遗址中，出土有墨玉、青玉制的镰刀、斧等。新疆罗布淖尔地区早期遗址中曾发现一把玉斧，由和田玉磨成，细润光滑，大小和现在的铁斧差不多，用大拇指一试竟如刀刃一般，对着明亮的阳光一照，还熠熠生辉。

串珠　公元前 18 世纪，新疆巴音郭楞蒙古自治州若羌县孔雀河古墓出土。软玉，淡黄色，透明度较差。珠子有圆柱形和菱形，中有孔。新疆维吾尔自治区文物考古研究所藏

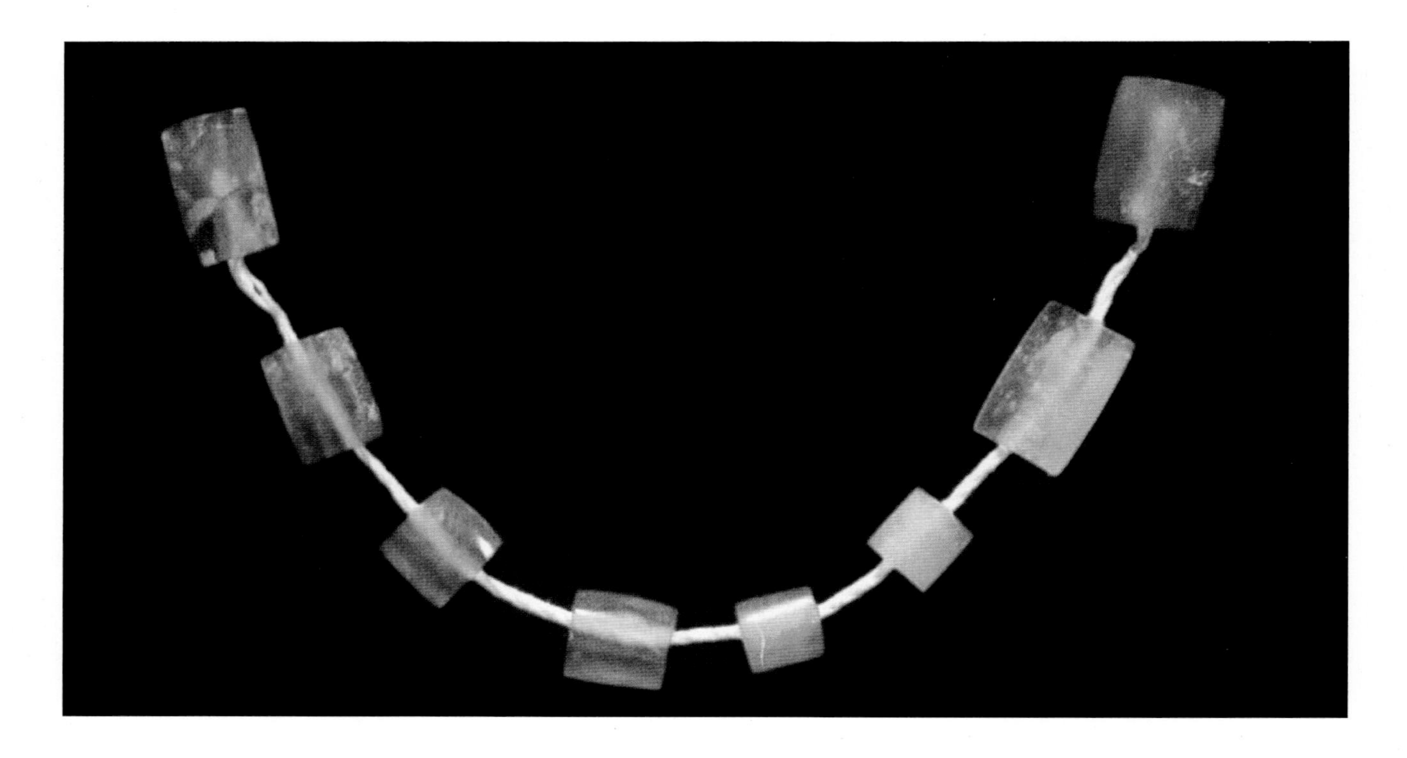

上述事实都说明我国用玉始于新石器时代，其玉石原料可能大都来自古代和田，从而说明在新石器时代就用和田玉制作工具和饰物。

从我国历史记载中也可以知道，和田玉开发利用历史之悠久。考古学家尹达在《新石器时代》一书中曾明确指出："新石器时代晚期的甘肃古墓葬中多为玉片、玉瑗，很可能来自和田一带。"《尚书大传》记载："舜时，西王母来献白玉琯，尧（距今约4000年）至舜天下，赠以昭华之玉。"《水经注》也记载："于阗（今新疆和田）南山，上多玉石。"中国古老的著作《山海经》《穆天子传》《竹书纪年》《禹贡》和《水经注》等全都不只一次提到昆仑山、玉河、美玉、玉器，这些记载都把玉的源头指向昆仑山，指向古代和田。

和田玉的开发利用历史，最初可追溯到原始社会的石器时代。当时昆仑山北坡的先民们从坡积、洪积层中选石，从河床中捡石，通过对比、试用，确认出玉石不仅比其他石料更坚韧耐用，而且能磨制出各种理想的狩猎工具和劳动工具。这一科学新发现推动了社会的发展，提高了生产力，使原来紧缺的生活物资有了部分剩余，于是他们携带磨制好的玉件与部分原料向外寻求交换市场。

大约从新石器时代晚期，昆仑山下的先民们还把玉石作为瑰宝和友谊媒介向东西方运送和交流，形成了我国最古老的玉石之路，即丝绸之路的前身。

2. 文献记载中的玉石

我国最早的地理著作《山海经》记载："岩山，其中多白玉，是有玉膏……黄帝乃取塞山之玉荣，而投入钟山之阳。"《越绝书外传》中提到："黄帝之时，以玉为兵，以伐树木，为宫室凿地。"《竹书纪年》记载："帝舜有虞氏九年，西王母来朝，献白玉环，玉玦。"这些记载说明玉石使用历史之悠久。

关于玉的产地，《山海经》记载古代和田有4条河流，"而北流注入水"，

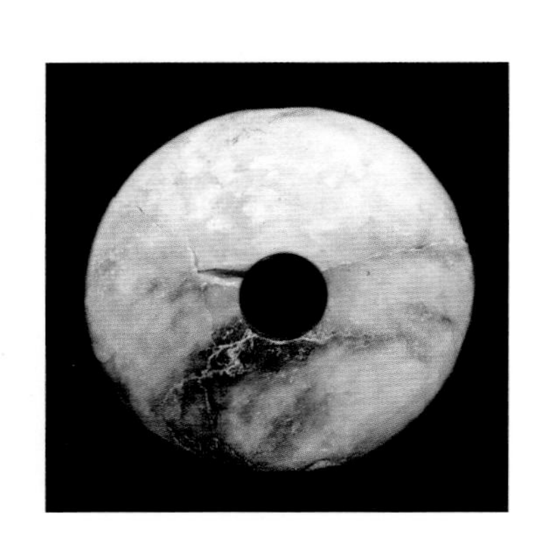

玉璧　新石器铜石并用时代，新疆巴音郭楞蒙古自治州且末县北大沙漠采集。圆饼形，直径7厘米，厚2.5厘米，中心圆形钻孔，直径1.8厘米，色黄变蓝，有一块褐色斑块。新疆维吾尔自治区文物考古研究所藏

“水”就是塔里木河。符合由南向北注入塔里木河的河，在历史上有于阗河（今玉龙喀什河）、克里雅河（今于田河）、叶尔羌河、车尔臣河（又叫且末河），而产上等白玉籽料尤其是带色皮籽料的河就只有玉龙喀什河。《山海经》也说：“王母戴胜，佩戴玉器为装饰品。”王母所带的玉应该就是美丽的和田籽料吧。

此外，《周天子传》讲述了周穆王与西王母在昆仑山环宴对歌的动人故事。此书记载：“已丑，天子觞西王母子瑶池之上。”瑶即美玉，瑶池即昆仑山产美玉的水池（今天看来应该是秋天时的玉龙喀什河）。西王母应该不是专指某一特定人物，而是指昆仑山一带母系氏族社会部族的女首领。《穆天子传》中记载了“赤乌氏，宝玉之所在也”“群玉田山”“于是载玉万只”。《周天子传》《竹书纪年》也都有“西王母邦献玉玦、琯、环”的记载。

3. 历史传说中的玉石

西王母献玉黄帝　这一故事来自古代文献《玉海》，该书引南北朝时孙柔之所著《瑞应图》：“黄帝时，西王母乘白鹿献白环之休符。”白环即白玉环。玉环，古时作为礼器，与玉璧、玉瑗为同一大类，都是圆形或近圆形。古代以“肉”与“好”的大小相区别，“肉”即玉器周围的边部，“好”即玉器中心的孔。《尔雅・释器》中说：“肉倍好谓之璧，好倍肉谓之瑗，肉好合一谓之环。”就是说，以边与孔的大小比例来确定。我国考古学家夏鼐教授提议：“把璧、瑗、环统称为璧环类，或简称为璧。其中器身作细条圆圈而孔径大于器二分之一者，或可特称之为环。”玉环在黄帝时期是一种用以事神的礼器。

黄帝时期，昆仑山已发现了美玉，用玉作为事神的玉器是有可能的。考古资料表明，在齐家文化出土的玉器中就有玉环，而此玉器是用昆仑山美玉制成的。

西王母与黄帝的交往，反映了远古时期母系社会与父系社会的联系，表明当时民族之间的交流与友谊。历代文献中记载了一些交往的故事，较为流行的是西王母派使者送符给黄帝打败蚩尤的故事。据《黄帝出军决》记载，黄帝与蚩尤作战的时期，蚩尤幻变多方，征风召雨，吹烟喷雾，黄帝军队被迷。黄帝在一天睡梦中见西王母派使者来授符，“符广三寸，长一尺，青莹如玉，丹血为文”（《太平广记》卷五十六），并派一妇人，人首鸟身，授黄帝作战之法。最后黄帝得以大胜，其中提到的符，也是玉制作的。可见，玉在古代的崇高地位。

西王母献玉舜 《晋书·律志》中记载：“黄帝作律，以玉为琯。长尺六孔，为十二月音。至舜时，西王母献昭华之琯，以玉为之。及汉章帝时，零陵文学奚景于道舜祠下得白玉琯。”舜是华夏父系社会继黄帝、尧以后又一首领，称为有虞氏。西王母作为母系社会首领又一次送来玉环、玉玦、玉琯。玉环、玉玦是古代礼器，玉琯是乐器。据晋葛洪《西就杂记》记载，汉高祖初入咸阳宫时，曾见到此琯，“有玉琯长二尺三寸，二十六孔，吹之则见车马山林隐辚相次，吹息亦不见，铭曰昭华之琯”。过了 200 多年，到汉章帝时，零陵文学奚景于冷道舜祠下获得白玉琯。可见，玉琯为真。

瑶环及其原产地神话 葛洪所著的《抱朴子·君道》记载，远古时代的理想政权，时常会伴随种种神奇瑞兆，如“灵禽贡于彤庭，瑶环献自西极”。葛洪所说的“灵禽”指周武王伐纣时越裳氏所献的白雉，“瑶环”则特指舜帝时西王母进献的白玉环。《竹书纪年》也记载，古书中或称瑶环，或称白环，个别场合也称白玉。雉即野鸡，雄者羽色，艳丽多彩，雌者皆为灰褐色。白色的野鸡十分罕见，因而被先民视为灵禽，与西王母献来的珍稀白玉环形成对照。

《山海经·大荒西经》则说，弱水在昆仑山下，“（昆仑之丘）其下有弱水之渊环之”。司马迁在《史记·大宛列传》中说：“安息长老传闻条支有弱水西王母。”如果认可安息长老的传说，其地相当于今日的中亚或西亚。范晔在《后汉书·西域传·大秦》中提到的“（大秦国）西有弱水、流沙，近西王母所居处”，所指皆在西方的极远之处，甚至到中亚、西亚一带。班固的《汉书·地理志下》一书中也把弱水与昆仑山祠并列。它距离中原的位置则近得多，即在青海一带，因为书中提到“金城郡……临羌”（原注：“西有须抵池，有弱水、昆仑山祠。”）。《尔雅·释地》还讲到：“四方之美者，东方之美者，有医巫闾山之珣玗琪焉；……西北之美者，有昆仑虚之璆琳琅玕焉。”东晋学者郭璞注“珣玗琪”为“玉属”，实际为今日之辽宁岫岩玉；注“璆琳”为“美玉”，“琅玕”为“状似珠也”。郭璞的说法模棱两可，仅供参考，后二者实际可以理解为昆仑山和田玉的专名。

清代著名地理学家徐松所说的黄河初源，本自所谓“黄河重源说”，即以昆仑山为黄河初源，认为黄河从昆仑至罗布泊（即罗布淖尔）就潜流至地下，成为地面上看不见的暗河，再到青海、甘肃交界处的积石山处又从地下冒出来，这样就调和了《尚书·禹贡》中的大禹治水“导河积石”说与《山海经》《史记》《尔雅》等书的“河出昆仑”说的矛盾。在《山海经·西山经》讲到的昆仑之丘，有四条河源于此山，第一条就是“河水出焉，南流东注于无达”。为《山海经》作注的东晋学者郭璞已经无法说清“无达”在何方，只说这是个山名。从《西山经》叙述的上下文看，昆仑丘与天山、祁连山一样，以高峻和白雪覆盖为其基本特色。人们习惯将终年积雪的高山之巅比作玉山或玉皇顶，就因为白雪与白玉之间足以构成颜色上的类比。

4. 新石器时代的玉石精品

楼兰玉斧　最先发现玉斧的是瑞典探险家斯文·赫定，接着是英国探险家斯坦因。斯坦因在他所著的《西域考古图记》中说发现了“磨制甚精的玉质石斧”和“碧玉质石斧”，还有碧玉叶 58 件、碧玉片 33 件、碧玉核 3 件、碧玉箭头 1 件。1928 年，我国考古学家黄文弼在新疆罗布泊发现一件玉斧和一件玉刀，说“均是白玉质，磨制甚光”。1934 年，黄文弼第二次来此地考察时，又发现一件碧玉刀。他在《罗布淖尔考古记》中曾说，“余在罗布淖尔采集之石器，类于磨制者共三件，皆为玉质，计有玉刀两件，玉斧一件，制作均甚精美”，并认为玉刀的玉料，“一件是山产，一件是河产”。

20 世纪 80 年代以来，新疆文物考古所曾在楼兰故城遗址及附近地区采集到 25 件玉器，器形为玉斧或斧形器，以青玉为主，少量白玉和墨玉。20 世纪 90 年代，新疆巴音郭楞蒙古自治州文物保管所发现了 30 多件玉斧。

据《中国出土玉器全集》记载，新疆出土的 25 件玉斧中有 23 件出自楼兰遗址。玉斧长 3.6 厘米～7.0 厘米，宽 2.2 厘米～4.7 厘米，厚 0.4 厘米～1.95 厘米。多数两面琢磨，刃部磨制锋利。它们中有的未加工，为半成品。

玉玦　新石器时代，安徽省含山县凌家滩遗址出土

玉斧的玉料一般来自阿尔金山或昆仑山，以青玉为主，有少量白玉、墨玉或碧玉。关于玉斧的时代，因为产于地表，找不到相应层位，根据器形制和伴存的细石叶、石核、石镞、石矛的造型与加工方法判断，是属于新石器时代晚期到青铜器时代的遗物，具体时代在距今 4000 年左右，也有人提出在距今 5000 年左右。

除了楼兰遗址外，新疆其他地方也发现了少量的玉斧。如 1906 年，法国探险家伯希和在阿克苏地区库车县库木吐喇发现 3 件绿玉斧；1979 年，新疆文物考古所在巴音郭楞蒙古自治州（以下称“巴州”）和硕县新塔拉发现了一件青玉斧；1988 年一位石油工作者在阿克苏地区沙雅县南面沙漠里发现了一件青玉斧；1992 年在巴州且末县征集到一件青白玉斧。我国发现最早的玉斧距今 8200 年—7000 年，出土于内蒙古自治区敖汉旗宝国吐乡兴隆洼遗址和辽宁省阜新市沙拉乡查海遗址，玉斧器体都很小。奇怪的是，这些玉斧刃无使用痕迹，推断为祭祀活动中的神器，用以驱邪。

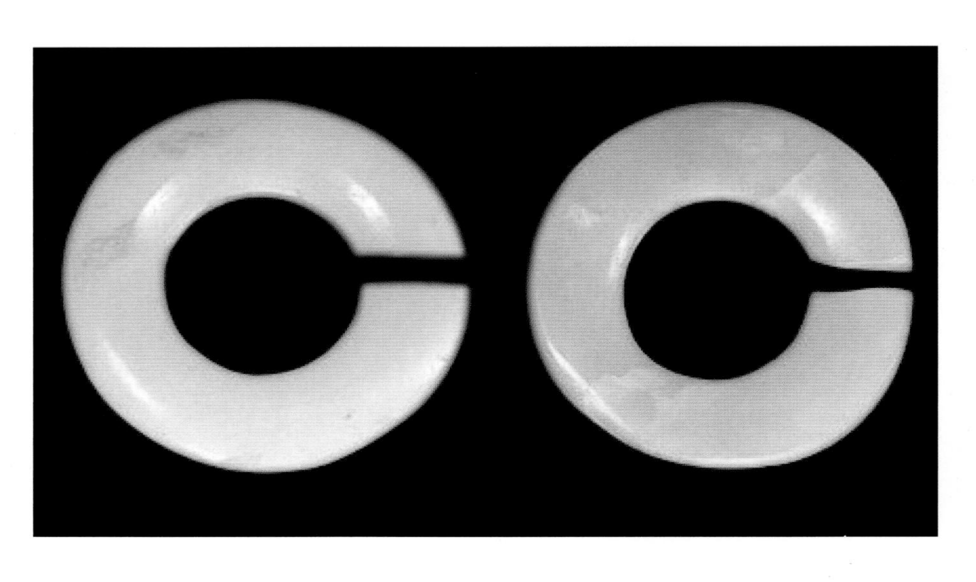

玉玦　新石器时代　内蒙古自治区敖汉旗宝国吐乡兴隆洼遗址出土

玉立人 新石器时代

第二节　商代的和田玉

1. 商代玉石的开发和利用

商代是我国迄今发现最早使用成熟文字体系的朝代。商代不仅以庄重的青铜器闻名，也以众多的玉器著称。商代的制玉规模不断扩大，制作工艺也达到很高水平，尤其到了商代晚期，玉器制作蓬勃发展，中国玉器从原始社会的彩石玉器时代进入以和田玉为主的玉器发展时代。商代前期（公元前1600—公元前1300）玉器出土和传世较少，截至目前，出土和传世的商代玉器，绝大

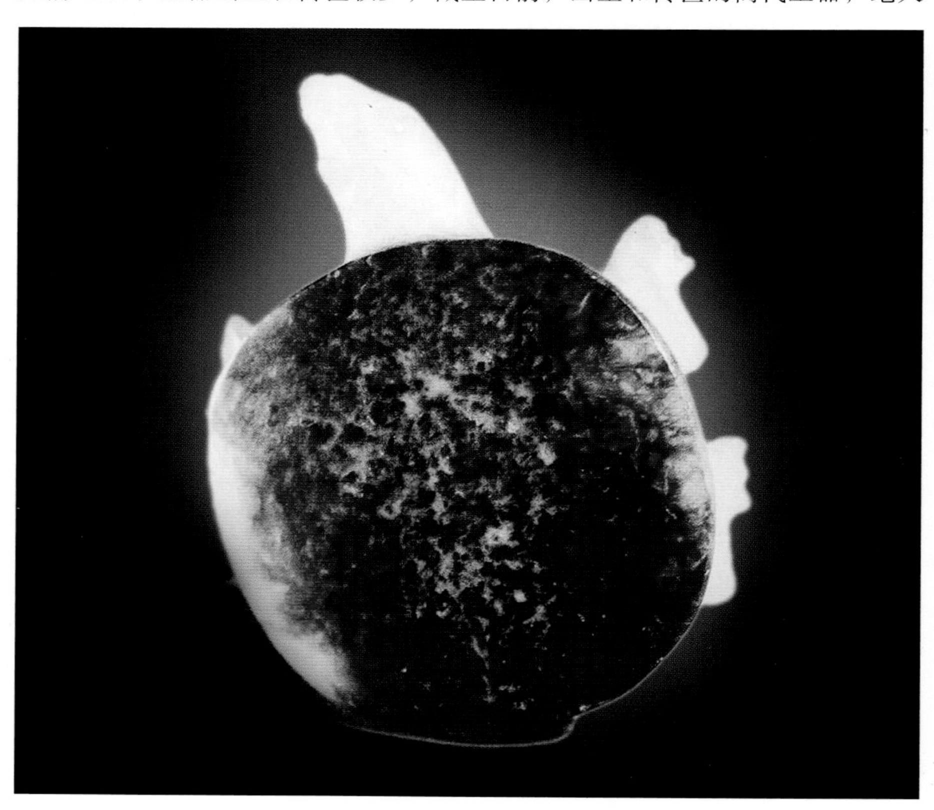

玉鳖　商代

多数是商代晚期的。

商代早期的玉器发现不多，琢制也较粗糙，但出现了仿青铜器的碧玉簋、青玉簋等实用器皿，动物和人物造型也不再仅仅是单纯的几何形玉器，其中的玉龙、玉凤、玉鹦鹉，神态各异，形神毕肖。商代晚期玉器以河南省安阳市殷墟妇好墓出土的玉器为代表。最令人叹服的是，商代已出现我国最早的俏色玉器——玉鳖。

商代玉人的历史研究价值和艺术价值比同期的其他玉器如玉礼器、动物造型的玉器要高。因为写实性玉人不仅对研究当时人类的种族、遗传、进化有很

玉阴阳人　商代

大的参考意义，而且通过玉人的衣着、姿态还可以间接地了解当时人的生活、习俗、宗教礼仪以及社会地位等。

从技术上来讲，商代对玉人的砣刻要求很高，不仅要求玉器匠师有很高的砣刻技术，还要求能准确地表现出人物的身躯比例、衣着打扮；特别是人物的神情姿态，更要刻画得栩栩如生、恰到好处。此外，商代还出现了大量的圆雕作品。从先前的浮雕到当时的圆雕，从平面装饰到立体装饰，说明了当时琢玉水平有了很大的进步，人们的审美意识有了很大的提高。

2. 商代玉器精品

妇好墓玉器 著名的妇好墓位于河南省安阳市小屯村的西北，发掘前是一片高出周围农田的岗地。1976 年发现的妇好墓，是 1928 年以来殷墟宫殿宗庙遗址内最重要的考古发现之一，也是殷墟科学发掘以来发现的唯一保存完整的商代王室成员墓葬，因此被列为 1976 年全国十大考古成果的前列。据该墓的

玉龙 商代

地层关系及大部分青铜器上的“妇好”铭文，考古学者认定墓主人为商王武丁的配偶妇好。

妇好墓是目前唯一能与甲骨文联系并断定年代、墓主人及其身份的商代王室成员墓葬。妇好墓属殷墟早期，与武丁时代相合，其重要性在于该墓保存得好，年代与墓主身份清楚，是商朝晚期的一座王后墓。

妇好墓虽然墓室不大，但是墓内出土玉器700多件，绝大部分保存完整。这些玉器按用途可分为礼器、仪仗、工具、生活用具、装饰品和杂器六大类。有琮、璧、璜等礼器，有作仪仗的戈、钺、矛等，还有420多件装饰品。装饰品大部分为佩带玉饰，少部分为镶嵌玉饰，另有少数为观赏品。动物、人物玉器大大超过几何形玉器。玉人或站，或跪，或坐，姿态多样。一大批动物造型的玉雕作品生动传神，工艺水平极高。造型有神话传说中的龙、凤，有兽头鸟身的怪鸟兽；而大量的是仿生的各种动物形象，以野兽、家畜和禽

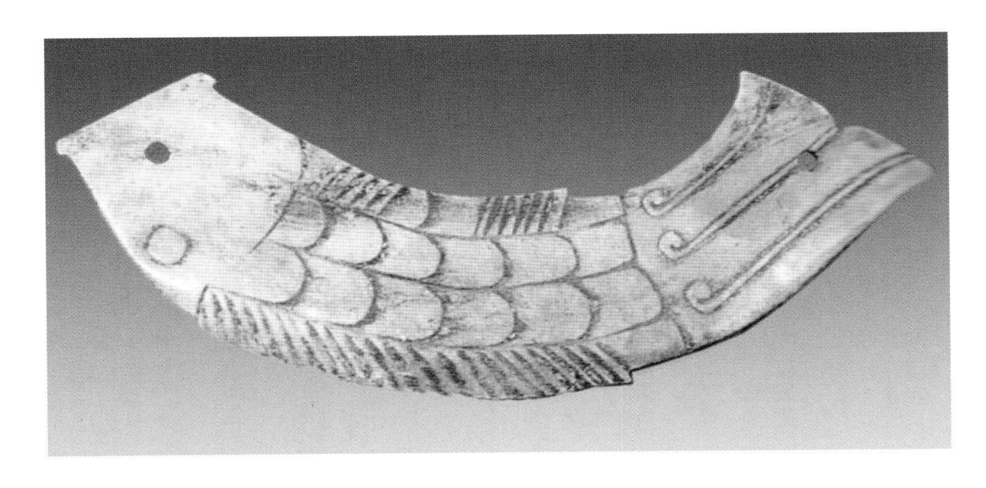

玉鱼形璜 商代

圆雕玉琥　商代

鸟类为多，如虎、熊、象、猴、鹿、马、牛、羊、兔、鹅、鹦鹉等，也有鱼、蛙和昆虫类。玉雕艺人善于抓住不同动物的生态特点和习性，雕琢的动物形象富有生活气息。

妇好墓玉器的玉材是什么？它来自何方？这曾引起学者的广泛讨论。考古学者请有关单位对出土的六部分玉器中的约 300 件进行鉴定，鉴定结果认为大部分是和田玉，只有少数为岫岩玉和独山玉。地质学者对妇好墓出土的玉器又进行了详细的矿物学和化学成分研究，得出玉器的玉材是和田玉的结论。

自夏开始，经过商到西周，出现了以王为最高统治的新时期，王及王室占有了来自全国的玉和玉器。随着玉石之路的开拓和发展，和田玉源源不断地进入王室。到了商代晚期，和田玉成为宫廷玉器的主要玉材。

玉跪人 商代

蝉纹玉琮　商代晚期

玉双鹦鹉　商代

第三节 春秋战国时期的和田玉

1. 春秋战国时期玉石的开发和利用

春秋战国时期，政治上诸侯争霸，学术上百家争鸣，文化艺术上百花齐放，此时的和田玉器从对神的敬畏走向了自觉表现人性的道路。东周王室和各路诸侯都把和田玉当作自己的化身，标榜自己是有“德”的仁人君子。他们从头到脚都有一系列的玉佩饰，尤其腰下的玉佩系列更加复杂化。在春秋战国时期，玉佩雕刻工艺难度大，佩玉雕刻品种和数量较多，具有代表性的玉佩包括单佩、对佩、多节佩等。单佩和对佩多呈龙、凤、虎等造型，多节玉佩是由若干节玉片组成的一条完整玉佩。

另外，带有政治、道德与迷信色彩的成组佩列玉器在这个时期也十分盛行，称为组玉。玉璧、玉环、玉龙、玉璜、玉琯等，它们皆为组玉的一部分。

春秋战国时期玉器的饰纹出现了隐起的谷纹，附以镂空技法，就是在地子上施以单阴线勾连纹或双勾阴线叶纹，显得图案饱满而又和谐。

春秋战国时期是中国古代玉器发展的高峰，上承商周下启秦汉，这个时期礼玉渐少，佩玉增多。在玉器艺术造型、纹饰图案及时代风格等方面都为之一新，出现了构思巧妙、立意新颖的谷纹璧、舞人佩、玉剑饰、玉带勾、玉印以及玉与金银器相结合的作品。

春秋战国时期更多地使用和田玉可以从陕西省长安县张家坡西周遗址、湖北省随县战国时期曾侯乙墓、河北省平山县战国时期中山王墓出土的玉器中找到例证。战国时期是殷商以后玉器发展的又一高峰。

值得注意的是，在我国西南地区也有和田玉的发现。早在春秋战国时期，

龙形对玉佩　战国

多节玉佩　战国

和田玉就曾传到遥远的西南边城。云南省江川县李家山古墓出土的玉镯、玉耳环等饰件，经鉴定也系和田玉制成。

2. 春秋战国时期玉石的文化艺术价值

有关昆山或昆仑山出玉的记载，文献里不胜枚举，这从不同角度表现了和田玉的贵重，说明了它已成为当时人们争欲获得的珍宝。在《史记·李斯列传》里，从李斯向秦始皇献策“今陛下致昆山之玉，有随和之宝，……此数宝者秦不生一焉”，可以明显看出宝玉系从昆仑山麓远运而来。

据《史记·赵世家》载，苏厉布给赵惠文王的信中提到，假如秦国出兵逾勾注山，切断恒山一线，则昆山之玉，不复为赵王所有。这段话告诉我们，早在春秋战国时期和田玉不仅运到了秦国，而且经河西走廊，还运达邯郸的赵王

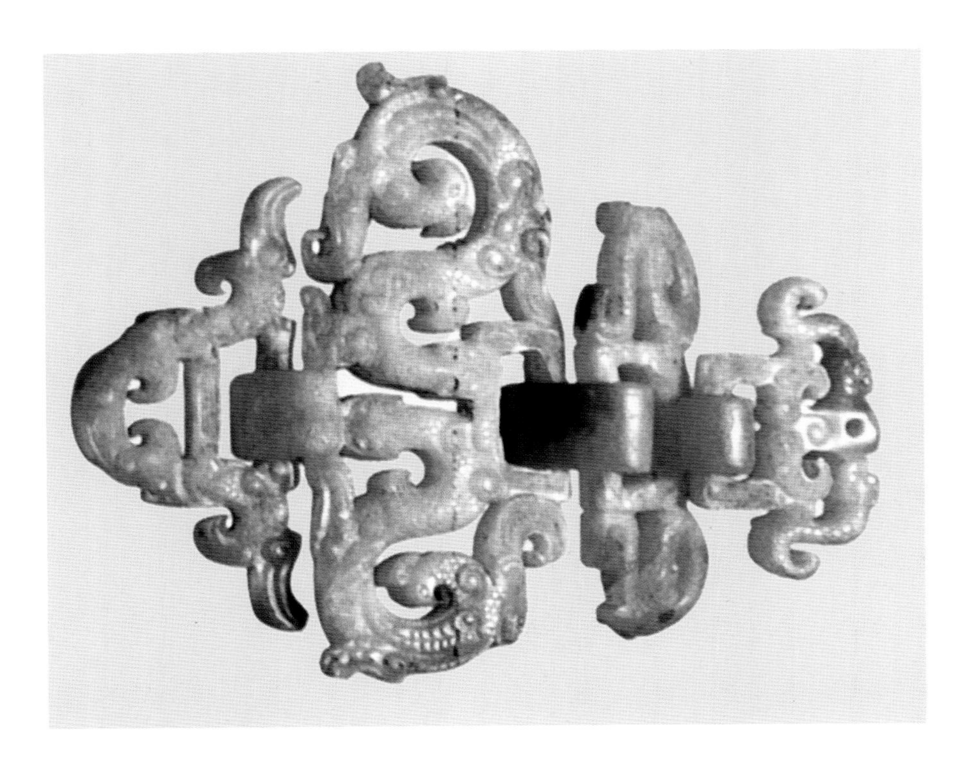

四季龙凤玉佩　春秋战国

小勾云纹璧（一） 春秋战国

小勾云纹璧（二） 春秋战国

手里。

春秋战国时期，和田玉已成为中原人士的珍奇赞美之物。在《楚辞》里，楚国诗人屈原曾高咏玉的赞歌："登昆山兮食玉英，与天地兮比寿，与日月兮齐光。"

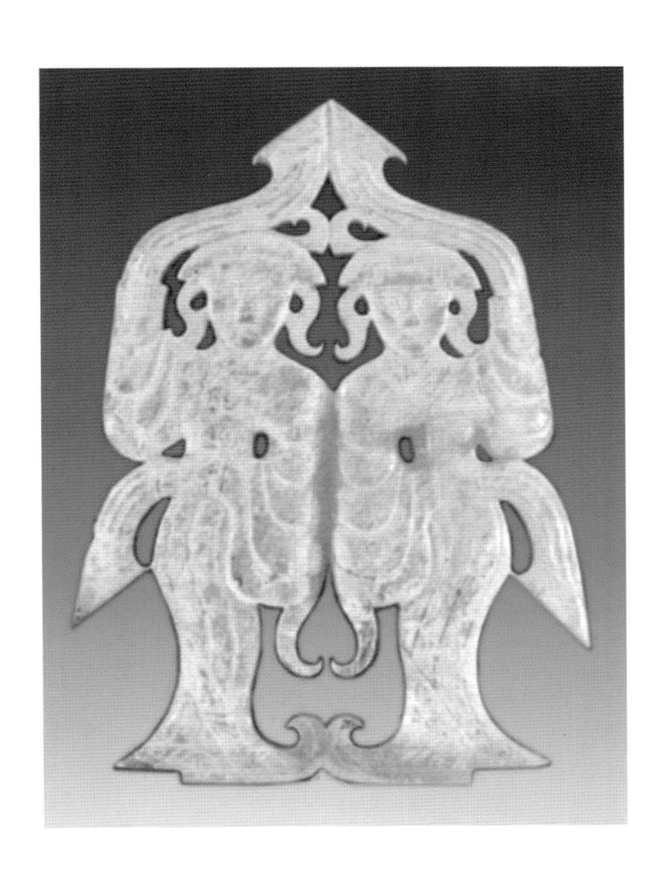

玉舞人 战国

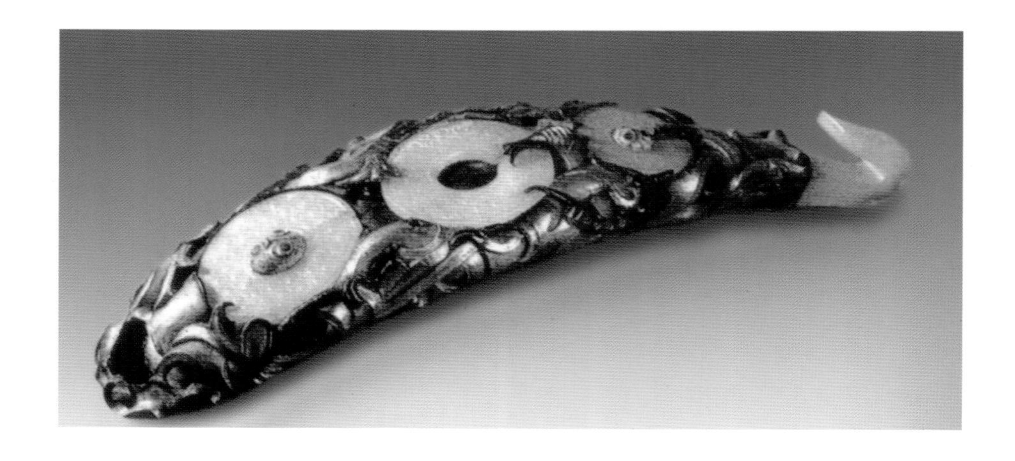

包金嵌玉带钩　春秋战国

卷云纺玉角觿　春秋战国

组玉 战国

第四节 汉代的和田玉

1. 汉代玉器的造型特点

战国到两汉时期是和田玉使用的第一个高潮期，不仅用量大增，而且用玉的阶层也广泛起来。在人们的审美观念中，和田白玉是为上品，儒家学者把美玉润泽尖锐的物理属性比拟成仁义智勇的君子之德。礼仪用玉和丧葬用玉最为重要，玉器发挥着帝王将相等封建统治阶级权力象征物的功能。

汉代玉器几乎彻底摆脱了先秦时代样式化的古拙风貌，只继承了战国时期玉雕的精华，并加强了写实的雕琢风格，因而玉雕作品的个性和灵气得到了淋漓尽致地发挥——随形而作又毫无雷同之感，这奠定了中国玉文化的基本格局。

汉代玉器可分为礼玉、葬玉、饰玉、陈设玉四大类。汉代葬玉很多，但工艺水平不高，最能体现汉代玉器特色和雕琢工艺水平的是陈设玉。写实主义的

玉龙形佩 汉代

陈设玉有玉奔马、玉辟邪、玉熊、玉鹰等，多为圆雕或高浮雕作品。汉代玉器造型沉稳典雅、浑厚豪放、构思活跃、不拘泥于形式，讲究神韵、动态。河北省满城县汉代中山靖王刘胜夫妇墓中出土的两件和田玉材质金缕玉衣，令人惊艳。

2. 汉代玉石的开发和利用

西汉统一西域后，推动了和田玉的生产与输出。《汉书·西域传》称，鄯善（今新疆若羌附近）出玉，于阗、子合（今新疆叶城一带）出玉石，莎车出青玉。汉武帝时，汉朝的使者已来到于阗，并把他采集的玉石带回中原地区。随着玉材输出的增多，分析考古发掘中所见汉代玉器的材质，已故全国著名考古专家夏鼐先生曾说："汉代玉器材料……乳白色的羊脂玉，大量增加……这种羊脂玉显然是于阗所产，先秦时代罕见。"

根据《史记·大宛列传》中的记载，汉代仍然是采用于阗的玉石原料进行加工，制成玉器。当时玉器的种类已经非常丰富，比如河北省满城县汉代中山

玉鹰 汉代

靖王刘胜夫妇墓中，有随葬玉器78件，多属和田玉，其中有玉璧、环、圭、璜、笄、带钩、佩、九窍塞、玉人、印章、玉饰等。再如安徽省天长县三角圩、巢湖市放王岗和巢湖市北山头的三处西汉墓葬群，共出土玉器140余件，有璧、璇玑、环、璜、龙形佩、龙形环、凤形佩、兽形佩、玉舞人、带钩、剑饰、七窍玉塞、玉印章、耳鼻塞、觽、卮、粉盒等。玉器鉴定专家指出，这批玉器包括礼器、兵器、葬器、佩饰、生活用具、文房用具等，体现了汉代的社会生活习俗及用玉制度。它们多为和田白玉和青白玉制成，玉质细腻，雕琢精良，在西汉玉器中属上乘之作。

陕西省长安县张家坡遗址所出土的西周玉器也发现有昆仑软玉。汉朝统一西域后，更多的和田玉，特别是纯白色的羊脂玉传入中原地区，所以《汉书·西域传》特别强调于阗“多玉石”。由于先秦至汉代，特别是汉代，大批玉石从古代和田源源不断地输向中原地区，所以“玉门关”这个名字在《汉书·西域传》里出现。从和田玉运到中原地区的时间看来，西域和中原地区的经济文化交流早在汉代以前，非张骞通西域才开其端。

和田玉是我国古代各民族友好往来的象征，也是中外各地经济文化交流的象征，称那时的东西方交通大道为“玉石之路”，可能比丝绸之路还更贴切些。

3. 汉代玉石的来源

《汉书西域传地里校释》称，西域“南北有大山，中央有河，……其河有二源，一出葱岭山，一出于阗，于阗在南山下，其河北流，与葱岭河合，东注蒲昌海”。书中所记与现今情况一致：“葱岭河”指今喀什噶尔河和叶尔羌河，“于阗”即今和田，“中央有河”即指塔里木河。据《水经注》记述，塔里木盆地存在“南河”与“北河”，南河沿昆仑山北麓东行，北河沿天山南麓东行，两河于罗布洼地西部汇合后注入罗布泊。南河到今天应该就只剩下和田河和叶尔羌河还有水流入塔里木河。

根据《汉书·西域传》所提供的确凿资料，西汉时期人们已知昆仑山产玉之地有四，即鄯善产玉，于阗多玉石，西夜（今新疆叶城）出玉石，莎车出青玉。由于古代和田所产之玉质优量多，所以附近地带产玉亦往往以之命名。

4. 汉代玉器精品

玉玺　玺是什么？东汉许慎在《说文解字》中说："玺，王者之印也。"古人造此字，从"尔"从"玉"，意思是上天授尔宝玉为天下君，尔当宝之以执掌天下。玉是权力的化身，"玉玺"代表着王朝最高权力和威严。

玉玺是国之大宝，汉武帝即位，即用昆仑美玉制作六玺。据东汉《汉旧仪》载，"秦以来，天子独称玺，又以玉，群臣莫敢用也""皇帝六玺，均白玉，螭虎纽"。当时，天子六玺的印文是皇帝行玺、皇帝之玺、皇帝信玺、天子行玺、天子之玺、天子信玺。皇后也有玺，"皇后玉玺文与帝同。皇后之玺，金螭虎纽"，这里首次说明皇帝玉玺是白玉制成。

白玉当来自昆仑山。司马迁《史记》记载，汉使派人去西域昆仑山的河流中采来玉，用来制作皇帝的玉玺。那么，汉武帝时代的玉玺还存在吗？它又是用什么玉琢成的呢？一个小学生的偶然发现解开了这个谜。

1968年，陕西省一位三年级小学生在古沟一个渠旁偶然拣到了一件东西。这件东西发白发亮埋在泥里，印章朝下，印纽朝上，当时觉得好看，就拣了回家，后送到陕西省历史博物馆。经鉴定这是一枚玉玺。这枚玉玺高仅2厘米，四方形，边长2.8厘米，重33克，通体晶莹，是和田玉。玺上凸雕有螭虎纽，四周阴刻云纹，底面阴刻篆文"皇后之玺"四字，字体端庄而流畅。这枚玉玺是皇后之玺。但这是哪个朝代的玉玺呢？经专家研究，玉玺出土地点是狼家沟，距离刘邦的长陵陵冢与吕后陵冢仅2千米，由此判断这枚玉玺应当就

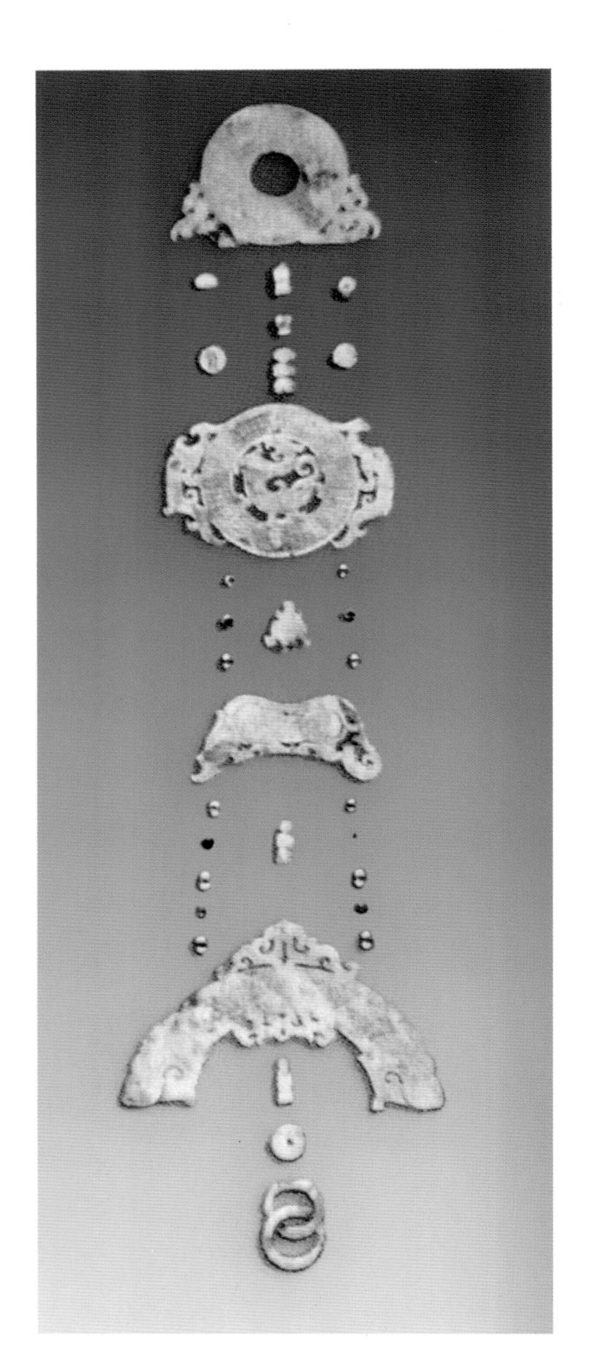

玉组佩　汉代

是吕后所使用的。

1983年，在广州省象岗山汉代南越王赵昧墓里发现了两枚帝王玺，尺寸相同，均高1.71厘米，宽2.3厘米。其中一枚为青黄色玉料，螭白文篆刻“帝王”两字；另一枚为黄白色覆斗纽，阴刻篆文“赵昧”两字。

白玉仙人奔马 白玉仙人奔马是西汉早期玉器的一件绝世佳品。它用和田玉中的羊脂玉琢成，玉质温润，琢磨精细，显示出羊脂玉独具的魅力。造型更是独出心裁：玉马脚踏祥云，腾空飞奔；背上骑一仙人，神态自如，遨游天空。

白玉仙人奔马 汉代

玉辟邪　汉代

玉熊　汉代

玉龙凤形佩 汉代

第五节　隋唐宋时期的和田玉

1. 隋唐宋时期玉器的造型特点

隋唐宋时期，经济的发展和丰富的文化造就了诸多和田玉器精品，如隋代著名的玉器有陕西省西安市西郊李静训墓出土的金扣白玉盏。该玉器琢磨精细，质地温润，光泽柔和，金玉互为衬托，富丽高雅。唐代和田玉器数量虽然不多，但所见玉器件件都是珍品，碾琢工艺极佳。隋唐时期是我国玉器发展史上的一个重要转折点，玉器深具博大清新、华贵丰满的特点。隋唐时期的实用性玉器有所增加，多以圆雕、镂雕为主，雕工精湛，造型别致。

金扣白玉盏　隋代

隋唐玉器在装饰材料上，金玉并用，色泽互补，形成隋唐玉器绚丽多彩的特点。玉器史上出现黄金饰件，始见于战国至汉代，当时的黄金饰件主要起垂勾之用；而隋唐用黄金饰玉，虽亦起特殊的功能作用，但主要起装饰之用。

唐代玉器完全摆脱了陈规旧式，玉器的纹饰图案上出现了新鲜艳丽的艺术风貌——广泛采用花卉纹。唐代玉器在装饰手法上主要采用较为密集的短阴线与网状细阴线装饰细部，极力凸显被装饰的主题；而以前的玉器装饰主要通过线条来展示纹样和表达艺术主题。唐代玉器在装饰手法上开一代玉雕艺术之新风，对日后玉器发展有着深远的影响。

玉簪饰　唐代

宋代是一个特别的历史时期，经济上有大规模的南北交流，这种交流加快了民族融合的进程。随着文化风气、工艺美术的发展，这一时期和田玉的创作空间得到拓展，玉器的神圣化意味愈来愈淡化，世俗化倾向愈来愈兴盛，观赏价值逐渐增加，大量出现了带有吉祥、避邪、宗教色彩的玉器和实用的、陈设的玉器，改变了过去以王室为制玉中心的垄断现象，民间的制玉业也有了巨大的发展。宋代玉器呈现出绘画艺术与雕塑工艺完美结合的时代风貌，民间的碾玉作产出的玉器，成为官员富商、文人雅士享用之物。时代整体艺术审美的强烈俗化倾向和浓厚的生活气息对艺术品的渲染，对宋代玉器影响很深。由于南北交流的频繁使得宋代西域琢玉工艺比较发达，这个时期制作的玉鞍髻、玉带、玉斑、玉印、玉圭、玉佛等玉器，具有浓厚的地域特色。现藏新疆维吾尔自治区博物馆的“三嘴白玉吊灯”就是一件造型具有地域特色的玉器。

10 世纪，古代和田通往中原地区的道路得以畅通，具有地方特色的产品不断涌入中原地区。这种以西域当地产品为主的贸易，使古代和田等地的商贾获利甚巨，同时也促进了我国西北地区市场的发展。

2. 隋唐宋时期玉石的开发与贸易

汉唐以来，和田玉不仅是王公贵族赏玩装饰所必需，而且还作为礼器、祭器供奉于庙堂，馈赠贡献于朝聘会盟之时，故在等级森严的朝廷宫室里，玉石特别贵重。《新唐书》卷十八载：“靖破萧铣时，（太宗）所赐于阗玉带十三胯，七方六刓，胯各附环，以金固之，所以佩物者。又有火鉴、大觿、算囊等物，常佩于带者。”当时这样的玉带自然难得，除非君王赏赐。在五代、北宋时期，此名贵产品已走出宫室殿堂，逐渐在民间流传并投入市场，成为西域与中原地区贸易最获厚利的资源。

隋唐时期，和田玉的开采继续见于史籍记载。玄奘从印度回国，途经天山南路，他在《大唐西域记》中记述，（于阗）产“白玉、鷖玉”，还说（莎车）“多出杂玉，则有白玉、鷖玉、青玉”。建中元年（780），唐德宗即位，“遣内给事硃如玉之安西，求玉于于阗，得圭一，珂佩五，枕一，带胯三百，簪四十，奁三十，钏十，杵三，瑟瑟百斤，并它宝等”（《新唐书·西域传》）。这说明到唐代中期，古代和田已有了相当规模的琢玉业。

和田玉质地柔腻，温润莹泽，一直为人们所珍爱。唐代以后，和田玉的尊贵身份有增无减，从国家礼器到民间玩好，多重和田玉。李时珍《本草纲目》载：“产玉之处亦多矣，……独以于阗玉为贵焉。”宋应星《天工开物》载：“凡玉入中国，贵重用者尽出于阗、葱岭。”和田玉之尊贵，由此可见一斑。

不过，从文献记载看，和田玉以及和田玉的输入在隋唐时期并不兴旺，这种情形在五代时期大为改观。

《五代史》载，天福七年（942），于阗李圣天遣都督刘再升，以“玉千斤及玉印、降魔杵等”向晋高宗献贡，说明到了五代十国时期，玉龙喀什河里的美玉得到大量开采，并被源源不断地运往中原地区。

《旧五代史》卷一百三十八载：“周广顺元年（951）二月，（回鹘）遣使并摩尼贡玉团七十有七，白叠毛、貂皮、牦牛尾、药物等。先是，晋、汉以来，回鹘每至京师，禁民以私市易，其所有宝货皆鬻之入官，民间私易者罪之。

金玉手镯　唐代

至是，周太祖命除去旧法，每回鹘来者，听私下交易，官中不得禁诘，由是玉之价直十损七八。”

宋代放宽了玉石在民间的自由买卖，故皇室亟须良玉时，宋神宗下诏寻访善识玉石的商人或通过熟谙情况的居民寻到美玉然后高价收购。后宋徽宗为做玉玺，复诏于阗进贡美玉。

宋代使用和田玉的规模超过了唐代。从玉材输出看，据《宋史・于阗传》和《宋会要辑稿・蕃夷四》记载，于阗不仅经常向宋贡玉，而且玉在贡品中常列首位。

宋承唐制，天子有八玺，宋徽宗改为九玺，并以和田玉所制曰“定命宝”为首，政和八年（1118）正月一日举行了受宝典礼。宋徽宗以至北宋诸帝对玉玺的重视，实际上是统治者重视和田玉的一个缩影。

神仙人物纹玉带板 唐代

宋代张世南在《游宦纪闻》中还记录了宋代和田玉的输入途径及分类等，“大抵今世所宝，多出西北部落西夏五台山。于阗玉分五色……唯青碧一色高下最多端，带白色者浆水又分九等”。如他所云，和田玉输入中原地区，除了依靠古代和田的直接进贡之外，更多则是由西北割据政权，特别是由西夏转贩。

3. 隋唐宋时期玉器精品

玉佛 古代以和田玉琢成的玉佛为珍，西域曾向朝廷多次敬献玉佛。一些寺庙中因供奉玉佛而出名，被称为玉佛寺。玉佛的玉料有和田玉、翡翠和汉白玉等。据《通典》记载，东晋安帝义熙元年（405），西域曾向朝廷献玉佛一尊。玉佛高四尺二寸（约 140 厘米），玉质滋润，精工绝伦，现存放在南京市瓦官寺。据《册府元龟外臣部》记载，梁武帝大同七年（541），于阗曾向推崇佛教的南朝皇帝敬献玉佛。据《癸辛杂记》记载，元至元初，伯颜丞相常到于阗，在一井中找到一座玉佛，高三尺（约 100 厘米），色如截脂，照之可见表里筋

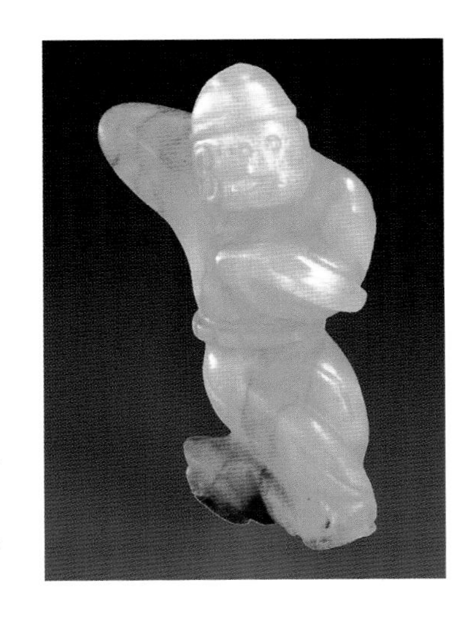
玉雕胡人 唐代

络，非常精美。

飞天 佛教中的“飞天”，梵名乾闼婆，我国称为香音神。她是专门采集百花香露、能歌善舞、造福人类的神。用玉作飞天较早出现于五代时期。唐代曾用和田玉琢制了一件非常精美的飞天玉佩。

玉门关的由来 《辞海》对玉门关的注解是“古关名。汉武帝置。因西域输入玉石取道于此而得名”。1907年，英国探险家斯坦因在甘肃玉门关遗址城北不远的烽燧遗址中挖掘出很多汉简。根据汉简内容判断，此城为玉门关。1944年，我国考古学家夏鼐、阎文儒先生也在此挖掘出多枚汉简，其中有一枚汉简文字清晰，墨书“酒泉玉门都尉……”等字，证实了此处为玉门关。敦煌莫高窟藏经洞出土的唐代《沙洲府图经》中记载了此处，写道“周回一百二十步，高三丈”，与小方盘城的周长、高度十分相似。清代道光年间木刻本《敦煌县志》图考小方盘城下注为“汉玉门关”。

对这一命名，有学者提出不同的观点，认为“玉门”是借用西汉以前旧有成词。《周易》有“西北之卦，……为玉，为金”之言，又有“金性刚坚”“玉质温润”之说。“金”之坚刚，用之以抗威诛逆；玉质温润，用以示仁而泽外。“金关”“玉门”二名互匹，兼示性质功能之别。看来关于“玉门关”名称的由来，说法不一。但是无论何种说法都与美玉有关，对一些历史事实，人们已达成共识：一是玉门关是我国历史上中原地区通往西域的一个重要关隘；二是和田玉在汉代以前早已进入中原地区，玉门关是美玉运输通道上的关卡；三是中原地区非常喜爱和田玉。

人形红宝石花押 新疆吐鲁番市高昌故城遗址出土。琥珀色玛瑙浅浮雕，呈椭圆形，高2厘米，周有边框，正中刻一站立人像，头侧向左。人物高鼻深目，戴圆形耳环，下颌胡须前翘，身着双襟双边短袍，腰系带，左手平伸向脸前部，右手握一杖形物置于腰侧。吐鲁番博物馆藏

人形宝石花押 新疆喀什地区巴楚县出土。琥珀色玛瑙雕刻而成，高2.2厘米，呈椭圆形，上刻人物侧面肖像。人像深目高鼻，头戴宽沿帽，腰系围裙式装饰，肩上担着鱼等物品。人物足蹬长靴，呈迈步行走状。作品具有美索不达米亚印章的风格。新疆维吾尔自治区博物馆藏

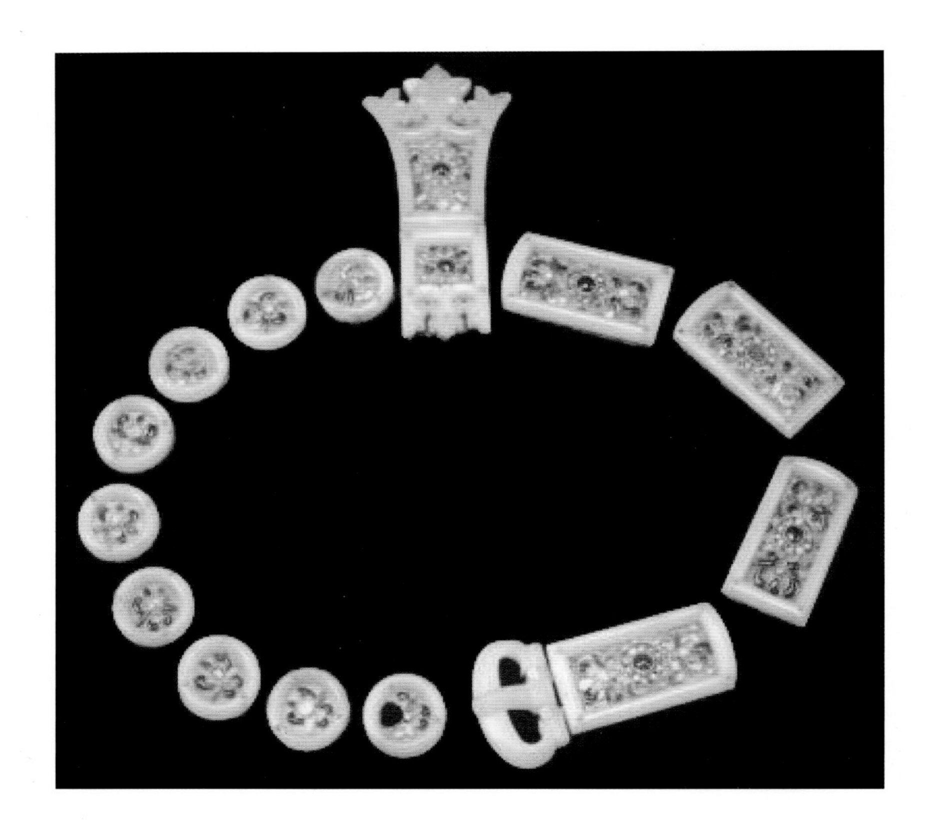

玉带板　唐代

胡人吹奏竿箫玉雕 唐代

胡腾舞玉带板 唐代

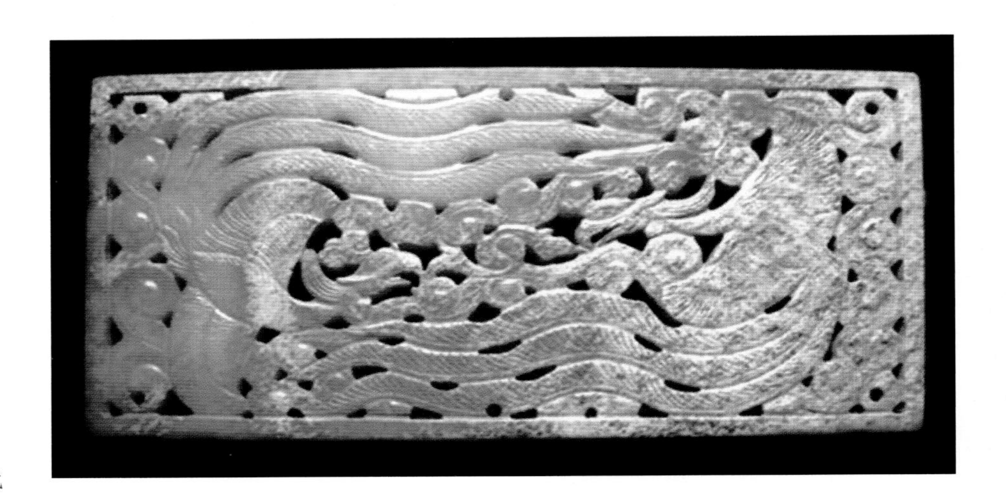

双凤纹玉牌　唐代

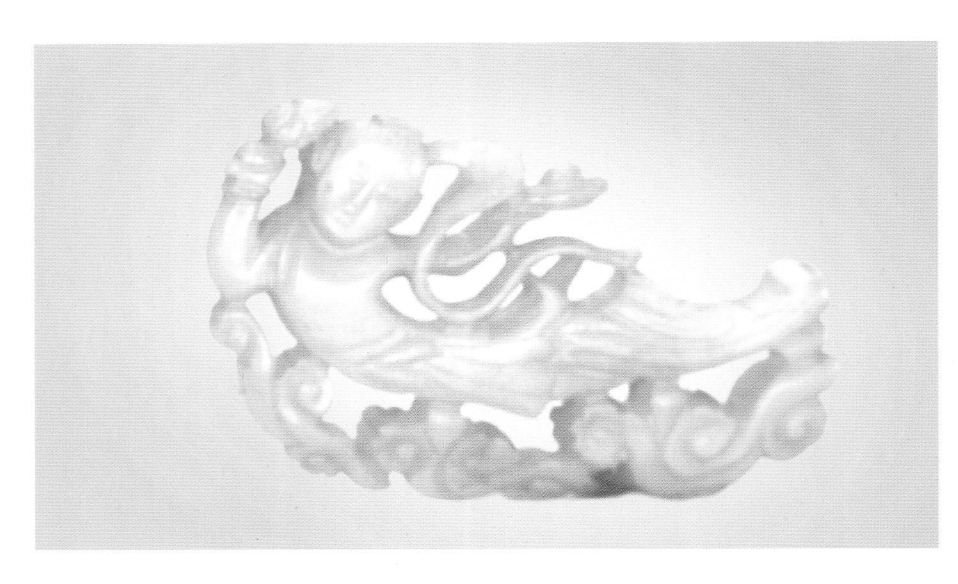

青玉飞天　唐代，长 8 厘米，宽 4 厘米，厚 0.7 厘米。故宫博物院藏

白玉飞天佩 唐代

白玉举莲花童子　宋代

青白兽面纹玉卣　宋代

双龙玉牌 10世纪—12世纪，新疆伊犁哈萨克自治州伊宁县出土。白玉透雕，长20厘米，整体呈长方形。双龙身体弯曲并相互缠绕，龙头回首相对，龙身阴划卷涡纹。伊犁哈萨克自治州博物馆藏

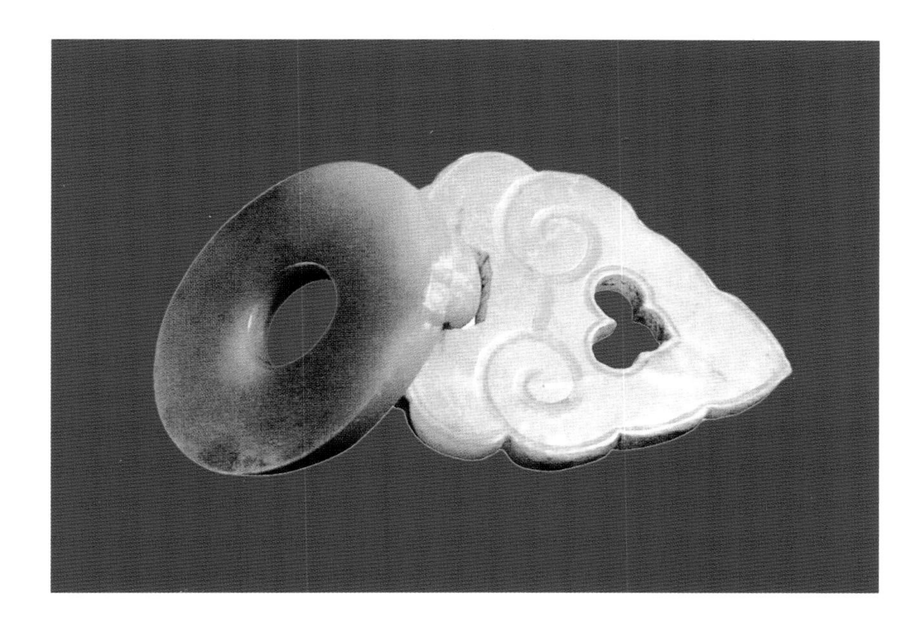

玉如意纹扣环 宋代

兔形玉镇　宋代

玉雕富贵长寿饰件　宋代

玉云龙纹炉 宋代

飞天花卉纹牌饰 宋代

青玉镂空折枝花佩 宋代

第六节　元明清时期的和田玉

1. 元代玉器的造型特点

元代玉器是在继承的基础上蓬勃发展起来的。元代玉器工艺雕琢方法有镂雕、圆雕、透雕、浅浮雕，均与阴线刻相结合。雕刻技法中有粗有细：粗的雕琢刀法浑厚，具上古风味；细的器物又确实细得出奇。在玉带钩、玉带扣上加镂雕纹饰，是元代玉匠创新的造型与工艺方法。在玉带板上作双层镂雕工艺，即“花下压花”工艺，是元代的镂雕技法。除了在平面上雕出双层图案外，还能在玉料上多层雕琢，起花多达五六层，并做到了里外兼顾、错落有致。此外，还出现了多层复杂透雕链环器皿的创新玉器、利用俏色技巧的“俏色玉器”、工艺精湛的大型圆雕玉器，以及构图密实、紧凑的炉顶和帽顶立体玉器。

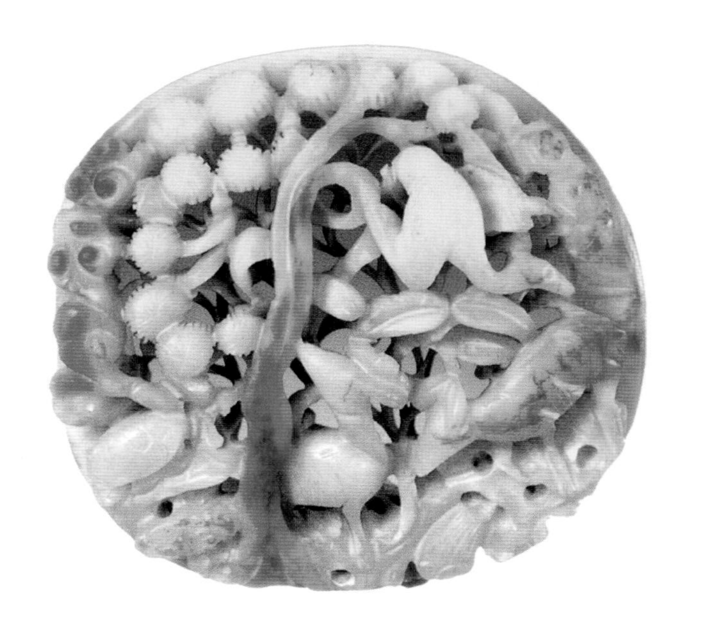

玉鹤鹿同春饰　元代

2. 元代玉石的开发和利用

元代礼仪上承宋、金，亦用金玉作为典章用具，故元代玉器工艺在宋、金玉器业的基础上得到持续发展。中统二年（1261）在大都（今北京）设金玉局；至元十五年（1278）设金玉人匠总管府玉局提举司，负责管理宫廷用玉的生产；至元十七年（1280）又设杭州路金玉总管府，辖金玉玛瑙工匠数千户。于是，杭州与大都成为元代金玉工艺生产的南北两个中心。

元世祖忽必烈于至元十二年（1275）将新碾的《渎山大玉海》置于广寒殿，还以白玉龙云花贴玉德殿楹拱，内设白玉金花屏台，上置玉床，说明元代内廷用玉远远超过了前代。从出土和传世的元代玉器可以了解到，有上承宋代的礼制玉、观赏玉和继辽、金的春水玉、秋山玉，还有元代官场和生活用玉，如玉押、镂空玉帽顶等。元代玉器的风格与宋、金相连，重写实与寓意，制作上善用镂空，技艺娴熟，形象生动；但做工稍显粗犷，保留了较多的斧凿痕，亦别

胡人牵马玉雕　元代

人物树木纹炉顶　元代

具风味。

3. 明代玉器的造型特点

明代和田玉的开发利用得到进一步发展，大量的玉材造就了一批手艺精巧的工匠。除和田玉产地拥有一批手艺精巧的玉器工匠外，北京、苏州、扬州等城市也云集了一批琢玉的能工巧匠。

明代玉器从器形上讲，礼玉逐渐减少，仿古之作十分发达。仿古玉主要是

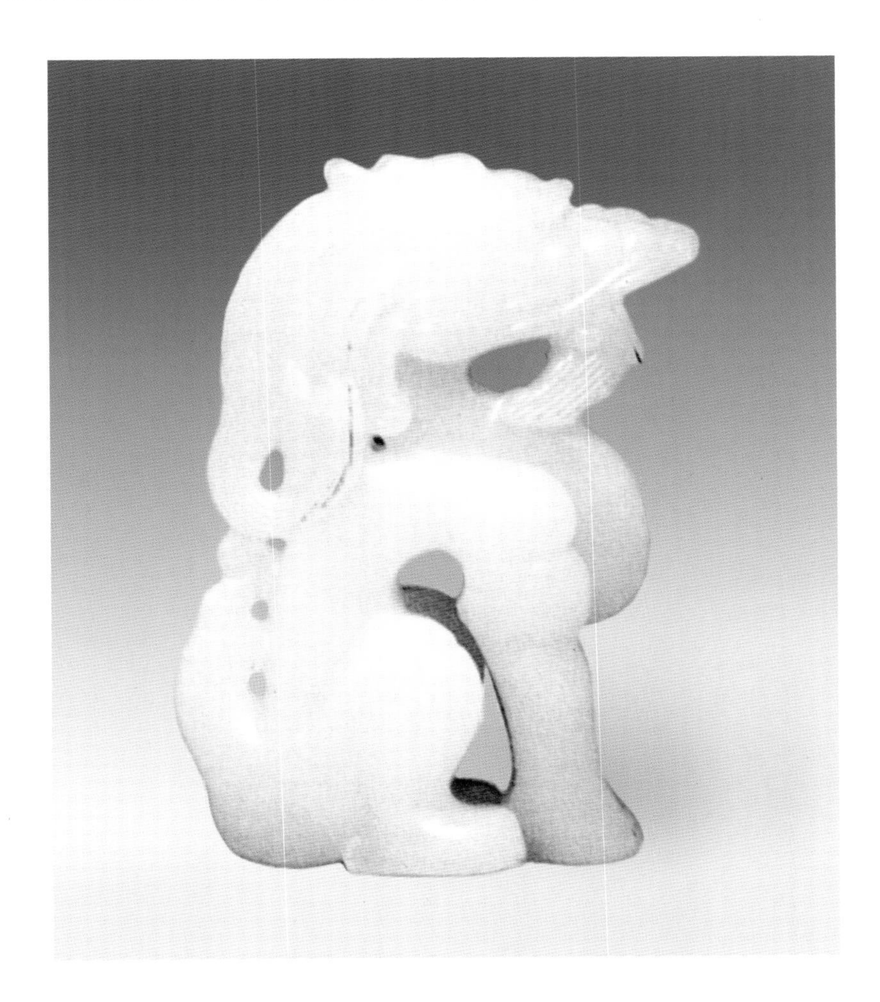

白玉坐龙　明代

玉壶 明代

仿古代礼玉，主要的仿古器形有圭和璧：圭为长方形，雕大乳丁纹；璧两面雕，一面雕螭纹，一面雕大乳丁纹。除此之外，明代还开创了许多玉器的新品种，这些新品种多以生活器皿为主，如香炉、文具、盒匣、茶具等。玉制生活器皿的大量出现也充分证明了中国玉器已经由皇家贵族垄断逐步走向了民间。

明代玉器的兴隆昌盛，造就了苏州成为当时的琢玉中心。《天工开物》中记载：“良玉虽集京师，工巧则推苏郡。”

4. 明代玉石的开发与贸易

明代中原地区与西域的玉石贸易之路是传统的陆上丝绸之路的组成部分，

玉兽纽夔龙纹樽 明代

其中玉石贸易是仅次于马驼贸易的第二大项。明朝对玉石之路的畅通比较重视，永乐六年（1408）七月，明成祖遣内官前往西域等处开通道路，凡遣使往来行旅经商，一从所便。需要指出的是，玉石之路不只是由于阗走向中原地区，同样也走向中亚。

在这一时期，中原地区与西域玉石贸易的数量及价格可见于各种文献，主要记载在《明实录》《明会典》上。

明代，西域运往中原地区的玉石种类有四种。一是玉璞，即未经雕琢的玉石。宋应星在《天工开物》中提到："玉璞不藏深土，源泉峻急，激映而生，

玉壶 明代

然取者不于所生处，以急湍无着手，俟其夏月水涨，璞随湍流而徙，或百里或二三百里取之。”二是夹玉石。弘治元年（1488）三月，明朝内府承运库检查送来的玉石后认为，内有把咱石、夹石，欲退还。弘治三年（1490），明朝官府规定夹玉石每四斤绢一疋。三是松都鲁石，浅黄色，透明度高到像水一样，但表皮是较为粗糙的琥珀。据中国元史研究会会长刘迎胜介绍，“松都鲁石”为波斯语，意为“金黄的、透明的”。四是把咱石，弘治三年（1490），明朝规定把咱石十斤绢一疋，这种玉石应当属于质量较差的一种。

综上所述，中原地区与西域的玉石贸易是明朝贸易大宗之一，西域贸易使臣将玉石运至中原后，除卖与私商外，亦将质量上乘的玉石卖与内臣。作为奢侈品的玉石，其种类变化有限，价格虽有所升降，总体上还是稳定的。在玉石贸易的过程中，也反映了明朝后期国力衰弱，明朝皇帝欲得上乘玉石，如红、黄玉，竟不可得。

玉兽面纹匜杯　明代

玉卧兽 明代

金托镶宝石白玉杯 明代

玉龙螭璧 明代

5. 清代玉器的造型特点

清代和田玉的开发和制作工艺都达到了中国古代玉器史上的顶峰，和田玉占垄断地位。康熙、雍正、乾隆都酷爱玉器，这为和田玉进一步开发利用提供了有利条件。乾隆爱玉成癖，使得宫廷的藏玉成了数千年来玉器的集大成者，还曾斥巨资琢制大型玉器，如现藏于北京故宫乐寿堂的青玉《大禹治水图》山子。乾隆除了要求制作中国传统玉器外，还引进和仿制了外域的玉质艺术品，其中最著名的是痕都斯坦玉器（泛称宫中所藏中亚地区的玉器）。痕都斯坦玉器在清朝的宫廷中是非常名贵而特别的一种，精美绝伦。

清代主要的玉器造型有陈设器、生活用具、文房用具、吉祥和礼品用具以及宗教用器。另外，清代还出现了大量的仿古玉，主要是仿礼器、古佩饰玉、古陈设品等。其中玉璧仿得较多，纹饰有多谷纹、蒲纹、变形龙纹，多为装饰。佩件多仿古代璜和汉以后的鸡心佩，并且还做出古玉沁。清代的玉雕技术也是集历代玉雕技术之大成，宫廷手工艺与民间手工艺都有较大的发展。此时的雕刻工艺较之前更加复杂。清代玉器借鉴绘画、雕刻、工艺的表现手法，汲取传统的阳线、阴线、平凸、隐起、起突、镂空、立体、俏色、烧古等多种琢玉工艺，并将其融会贯通，综合应用，使作品达到了炉火纯青的艺术境界。清代早期的玉雕风格循规蹈矩，精细万分，与明代“粗大明”形成鲜明对照；到了乾隆时期，清朝宫廷不仅藏玉数量众多，而且玉器质量出众，品种丰富，工艺精湛。

6. 清代玉石的开发和利用

清代初期，官府生产玉器的机构主要是宫廷造办处，下设各类制造作坊，承做应需物品。康熙元年（1661）设立了养心殿造办处；康熙十九年（1680）又设立了武英殿造办处；康熙四十七年（1708）春，将武英殿造办处各作归并养心殿造办处管理。“玉作”是造办处的一个重要作坊，承做玉器、珠宝等类物品。

清代初期，玉器作品较少，造办处玉作主要是收拾、改造以前的旧玉及制作小件的佩饰，琢玉的工匠是从各地方——主要来自苏州和扬州，少数来自西域——征调来的琢玉能手。

雍正之前，由宫廷直接生产的玉器数量不多，只是集中供应宫廷用玉。就整体社会而言，这一时期玉器生产的主流不在宫廷，而在民间。

雍正继位后，整顿了机构，建立了规章制度，扩大了造办处玉作的生产规模。雍正时期仅仅十三年，可以认定为此时期制作的玉器还很少，尚不足以说明清代玉器发展状况及其时代风格。

白玉圆玺　清代乾隆时期

乾隆早期宫廷玉器的生产较此前有较大发展，虽然这一时期玉材不能大量进入中原地区，玉器制造仍处于低潮，但宫廷制造玉器的数量远超雍正时期。除了造办处玉作，乾隆元年（1736）又设立了圆明园如意馆御用作坊，选调玉匠好手进馆碾制玉器。

痕都斯坦白玉雕花盖碗　清代

乾隆元年在玉材供应短缺、玉器加工能力有限的情况下，造办处除了加工玉器，还向各地区官府作坊分派任务，动用各地力量为宫廷制造玉器，其中主要是苏州织造玉作。乾隆元年苏州织造已有了自己的玉作，专为皇家琢碾玉器。这一时期如意馆玉作制玉仍然很少，苏州织造对造办处玉作来说十分重要，是造办处所需玉料、玉工的后备基地，同时又是造办处玉器加工的分支作坊。制作过程一般是由造办处玉匠设计画样，准作之后，再将玉料、纸样一起发往苏州加工。这时期见诸档案的著名玉匠有姚宗仁，他担负挑选玉材、设计画样等活计。

乾隆二十年至二十四年（1755—1759），清朝恢复了玉材运输的渠道，玉材开始源源不断地进入宫廷。在新疆和田玉的开采史上，以于田县阿羌乡柳什村东南的阿拉玛斯地段和叶城县的密尔岱地段所产玉料最为著名。阿拉玛斯地段主要产淡青色的青白玉和微透明乳白色的白玉，青玉很少（含青白玉和白玉比例如此高的矿床在全世界都很罕见，是难得的优质玉材产地），所产白玉有“冰清玉洁”之美誉。阿拉玛斯玉有两种：山玉干燥，块度较大，最大的达 4500 多千克；河玉温润，最小的仅重 0.02 千克。色调分为白玉、葱白玉、青白玉、青玉、碧玉、掺色玉、墨玉、黄玉等。

乾隆二十四年至嘉庆二十五年（1759—1820），玉材储存逐渐增加，为玉雕业的发展奠定了牢固的基础。这一时期是清代玉器的繁荣时期，也是中国玉器发展史上的繁荣时期。

新疆地区每年分春秋两季向清朝宫廷运送玉石，北京、苏州、扬州等地的民间制玉作坊也可以从私贩手中购得和田玉料，玉料来源充足。这一时期社会昌明，清朝宫廷直接控制的玉作除了养心殿造办处玉作、金玉作、如意馆玉作之外，还有两淮（淮南、淮北）、苏州、杭州、江宁、淮关、长芦、九江、凤

白玉碗及金盖托 明代

痕都斯坦白玉单耳叶式杯 清代

阳等八处玉作，形成了有利于玉器手工业发展的社会环境，玉器制作颇有成就。乾隆二十八至三十四年（1763—1769）由造办处玉作碾琢成重约 2500 千克的云龙纹大玉瓮，是清代碾琢巨型玉器的首次尝试。

乾隆二十五年（1760）以后，关于和田玉开采利用的情况，在清高宗的御制诗中多次提及。如在《于阗采玉》一诗中有“于阗采玉人，淘玉出玉河。秋时河水涸，捞得璆琳多”之句，生动描写了开采和田玉籽料的情景。在御制诗中还多次提到和阗（今新疆和田）贡玉的情况，有“和阗捞玉春秋贡”“和阗采玉春秋贡”之句。在《和阗采玉图》一诗的注释中也提到“和阗采玉充贡，岁有常例”。

乾隆四十年（1775）以后，除了小件宫廷玩物、祭祀用品外，尚制作大件作品，如《大禹治水》《寿山》《福海》《大玉瓮》《秋山行旅》《会昌九老》等玉作，每件玉料都在千斤以上。这些劳动者的艺术杰作，反映了当时我国玉雕工艺的一段辉煌时代。其中，新疆玉工为此事业也大显身手，他们仿北京、苏州、扬州的工艺，制作出了精美的玉镯、玉洗、刀把、玉盘、玉碗等。

这一时期官方控制了玉矿的开采权，乾隆命令喀什噶尔办事大臣海明，不准地方采捞，有献玉的给予报酬；并说和阗所出的玉石，皆为“官物”，要尽得尽纳。乾隆二十五年（1760），和阗总兵和诚因藏匿贡玉被处死。乾隆二十七年（1762），在叶尔羌（今新疆莎车）密尔岱山开采磬料之后，清朝全面对产玉的河床、玉山封禁设卡伦（哨所）看守。

嘉庆时期一改乾隆实行玉禁的做法，恢复了新疆地区玉石的民间流通，撤销了玉产区卡伦，不再禁止民间采捞，允许商人携玉进关，允许南方工匠赴新疆收购，此后贩玉的商人发财致富的颇多。

嘉庆十七年（1812），宫廷造办处历年所积玉石不可胜数，长途驿运劳费，贡玉数量方由 2000 千克定为 1000 千克。

嘉庆十八年（1813）贡玉减半，但在嘉庆年间宫廷库存玉料仍然充足，玉器制作仍然能够维持正常生产规模，只是减少大件，与道光时期制玉水平相比仍是相当繁荣。清代中期生产的玉器数量多，品质佳，工艺精湛，代表了清代玉器的最高水平。

道光至宣统（1821—1911）时期，由于内忧外患、国势衰微，宫廷玉作基本处于停滞状态。虽然这一时期的民间玉器生产仍在进行，但由于民间生产的目的在于牟利，以制作仿古玉和伪古玉为主，多粗制滥造之作，佳品甚少；在器形种类、纹饰题材和制作工艺诸方面也没有突破和进展，玉器的质量与乾隆时期相差甚远。

鞘末玉饰 清代

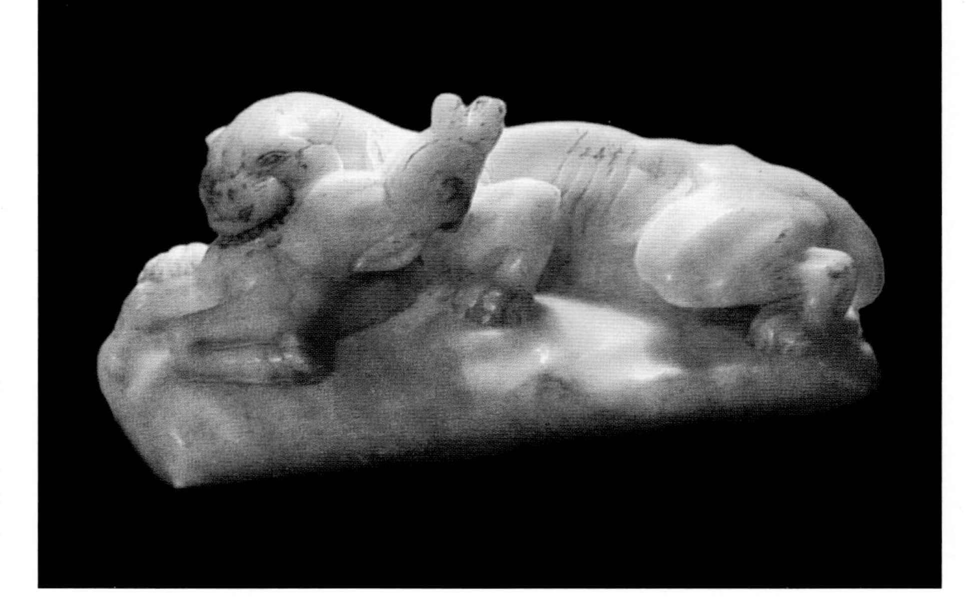

虎噬羊镇子　18世纪，新疆吐鲁番市征集。玉雕，长24厘米，底盘上浮雕一只猛虎，身体跪伏，右前爪捕获一羊，口噬其羊，羊仰天哀鸣，作挣扎状。新疆维吾尔自治区博物馆藏

卧虎玉砚　18世纪，新疆吐鲁番市征集。白玉雕刻，长方形，长20.5厘米，一侧为圆角长方形砚池，另一侧横卧一只猛虎。虎的双足前伸，后足跪屈，昂首雄视前方。虎肌肉发达，齿爪锋利，显得威猛有神。新疆维吾尔自治区博物馆藏

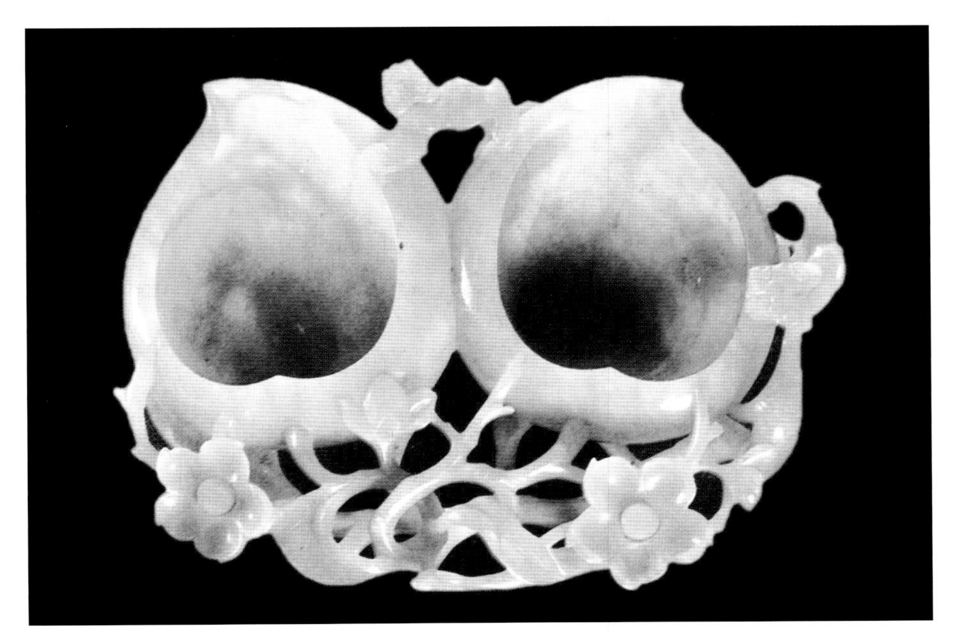

桃形双联玉洗 18世纪—19世纪，新疆喀什市征集。玉洗由羊脂玉雕成，高6厘米。洗池二桃相联，两桃上部之间联结仰首老虎一只，柄部透雕缠绕的花枝。玉洗雕刻精美，设计巧妙，具有极高的工艺价值。新疆维吾尔自治区博物馆藏

白玉透雕椅扶手 18世纪—19世纪，新疆喀什市征集。由整块汉白玉透雕而成，高34厘米。扶手雕出与后靠背衔接的准头，联帮间雕以菱格纹，鹅脖部雕一盆花，花蕊伸出前垂，起到良好的装饰作用。新疆维吾尔自治区博物馆藏

青玉回首鸭　清代

双龙耳玉杯　18 世纪—19 世纪，新疆乌鲁木齐市征集。高 5.5 厘米，薄胎，敞口，深腹，小圈足，双龙形耳，龙前爪抓住杯口，头俯于杯沿，身体弯曲成弓形，后足连于杯腹壁上，尾部卷曲呈草叶纹，雕刻工艺精湛。新疆维吾尔自治区博物馆藏

玉山子 清代

青玉百兽纹豆 清代乾隆时期，高 20.9 厘米，口径 15.5 厘米，足径 10 厘米。故宫博物院藏

第二章　和田玉器的造型艺术与价值

DIERZHANG HETIAN YUQI DE ZAOXING YISHU YU JIAZHI

我国产玉的地方很多，但正如《天工开物》所载“贵重者尽出于阗”。和田玉，特别是作为正宗的白色籽玉，水分足，滋润如脂，人称“羊脂玉”；亦即《本草纲目》中所称“洁如白猪膏，叩之鸣者”，用其雕琢人物、鸟兽、花卉、草木、山水、建筑，皆为珍品。至今在故宫博物院中，我们还可以见到和田玉制成的各式玉器，琳琅满目，美不胜收。

微信扫码

发现西域玉石

品阅艺术魅力

第一节　和田玉的特色及品种

和田玉斑驳多彩，种类不一，按产地不同，分为山料、籽玉和山流水三种。在山上开矿采得的玉，称山料，利用率不及籽玉，但产量极高。和田城东的玉龙喀什河所产之玉，因经水流长期冲刷，白润细腻，杂质极少，如羊脂猪膏，质量最佳，唯多系小块，被称为籽玉。水流出山一带所产玉石也以白玉为主，因受河水冲刷时间较短，表层给人以粗松之感，尚有棱角，质量比河水中的籽玉稍为逊色；不过这里有时也能得到大块的上好佳品。1980 年 7 月，在新疆和田地区 4400 米高的山巅上得一重达 590 千克的方形玉石，洁白润泽，经鉴定为一级品，利用率达 95% 以上。

现在通常习惯以颜色分类，白如羊脂者最为名贵，且玉块越大利用价值越高。白玉在水中长期浸润，受矿物质的染蚀，表层呈现黄色，人称水锈皮。根据染色深浓，表面会呈红色或紫色，但刮去皮层，其内仍为白色，故行家名其为虎皮子。

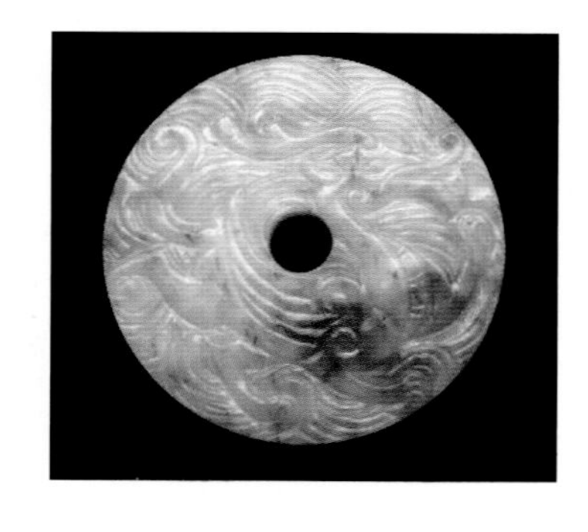

玉璧

在矿物学上，玉石分硬玉、软玉两种。硬玉俗称翡翠，是一种由极细粒的碱性辉石所组成的辉石玉。新疆和田地区所产软玉，系单斜角闪石之一种，常为紧密细粒状致密块，有脂肪光泽，略透明，显微硬度为 6～6.7，多产于结芯片岩、灰岩或接触变质角岩中，系亿万年前地壳大变动时期在特殊高温高压条件下所形成。

据史书记载，和田产玉主要在白玉河（玉龙喀什河）、乌玉河（喀拉喀什河）等地，叶尔羌的密尔岱山亦是玉石的重要产地。《西域水道记》称："山峻三十里许，四时积雪，谷深六十余里，山三成，下成者岭，上成者巅，皆石也。中一成，则琼瑶函之，弥望无际，故曰玉山。采者乘斧牛至其嗽凿之，坠而后取，往往重千万斤。”

《新五代史》载：“东曰白玉河，西曰绿玉河，又西曰乌玉河，三河皆有玉而色异。每岁秋水涸，国王捞玉于河，然后国人得捞玉。”这个传统习惯一直沿袭到清代。每年深秋以后，洪水已过，水清见底，人多集中于今新疆和田地区和田县南水浅流缓之处，州官先赤足下水，装模作样地捞上一阵，待他上来，百姓才能下去拣捞，所得归官，稍给酬值而已。

今人经常引用椿园写的《西域闻见录》中的一段文字，记叙清代和阗采玉的情况：“河底大小石，错落平铺，玉子杂生其间。采玉之法，远岸官一员守之，近河岸营官一员守之，……三十人一行，或二十人一行，截河并肩，赤脚踏石而步，遇有玉子，即脚踏知之，鞠躬拾起。岸上兵击锣棒，官即过朱一点。”

据当地有经验的人介绍，捞玉主要是靠拣起后用眼力分辨，而不是靠脚上的功夫。《新唐书·西域传》中说的“国人夜视月光盛处，必得美玉”倒有一定道理。皎洁的月光，透过清澈的河水照在白玉上，由于光的反射，水面上自会华彩四射。同样，浅水清澈见底，清晨阳光普照，在水底乱石中，玉也显而易得。从新疆和田地区和田县黑山以下至塔瓦库勒沿河两岸及河底皆可找玉。黑山以上，人迹罕至，每年夏季洪水奔腾而下，这里便常可发现大块玉石；但只有清晨冰雪未融时方可寻取，日出后冰雪融化，洪水倾泻而下，巨石滚滚，似雷霆万钧，地动山摇，人根本不能接近。由于玉龙喀什河河水夏日猛涨，曾数次改道，所以在戈壁滩的干河道上也可挖玉，唯不如水中所捞润泽。

第二节　和田玉器的造型艺术

和田玉器从作为生产工具和简单佩饰，演变发展到几乎涉及人们生活的各个方面，造型可谓千变万化，种类多样。单就用途而言，和田玉大致可分为礼乐类、仪仗类、丧葬类、佩饰类、生产工具类、生活用品类和赏玩类七种。其中，除了礼乐类玉器几千年来品种变化不大外，其他几类都随时代的不同而发生了变化。

1. 礼乐类

礼乐类玉器是指祭祀、朝享、交聘、军旅等礼仪活动中使用的一些器物。

玉琮

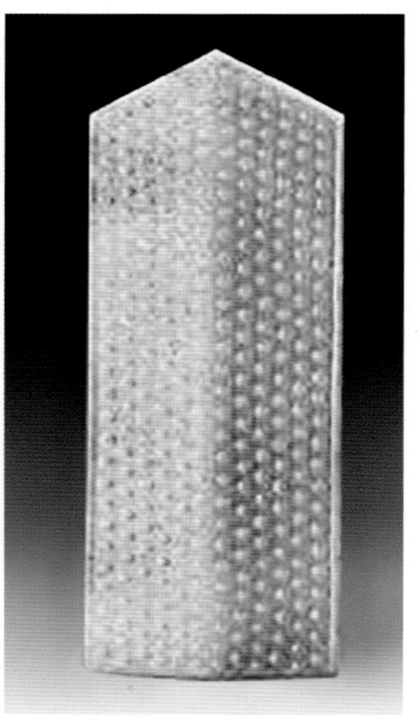

玉圭

进入阶级社会以后，王公贵族逐步建立了一套以礼仪制度为核心的统治政权。礼乐玉器主要可以分为六瑞，六器，其他。

《周礼·春官宗伯·大宗伯》载："以玉作六器，以礼天、地、四方。""六瑞"就是镇圭、恒圭、信圭、躬圭、谷璧、蒲璧。"六器"就是"礼天、地、四方"的苍璧、黄琮、青圭、赤璋、白琥、玄璜。

除六瑞、六器之外，还有一些其他的礼乐玉器，如瑗、珽、荼、笏、瑁、玦、珑、磬等。

玉璋

2. 仪仗类

仪仗类玉器又称玉兵器。玉制兵器源于石制兵器，以玉琢之，便失去了它最初的实用功能。出土的玉制兵器均没有使用痕迹，实为仪仗用器。

主要的仪仗类玉器有玉戈、玉戚、玉匕首、玉刀等。这类玉器主要出现于商、周两代，以商前期最为突出。春秋战国以后，除仿古玉器作品外，这几种器物均很少见到。

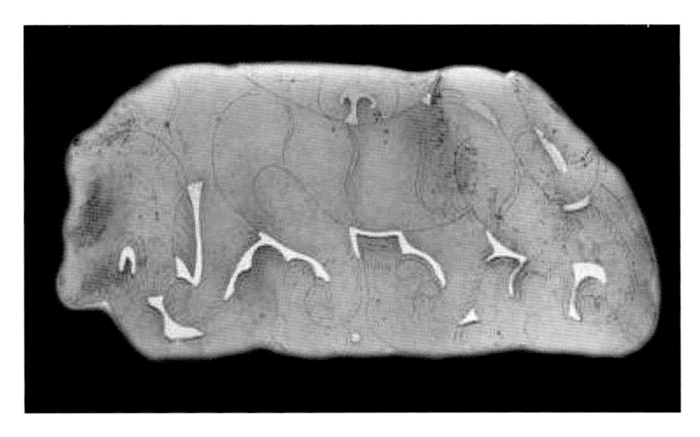

玉琥

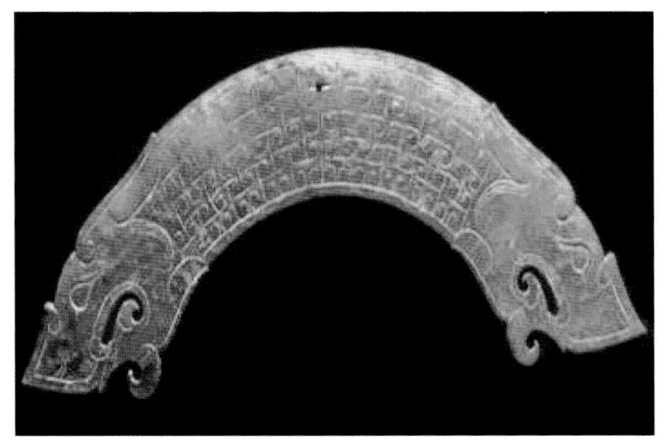

玉珩

玉戈

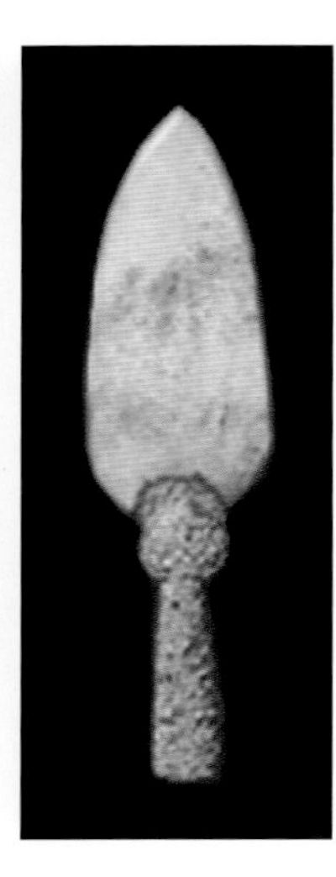
玉匕首

玉戚

3. 丧葬类

丧葬类玉器简称葬玉，专指那些为保存尸体而琢制的随葬玉器。从战国时代起，逐渐形成了一套丧葬用玉的制度。古代先民由于受鬼神观念和宗教思想的影响，认为玉可以防止尸体腐烂；而且相信人死亡后，灵魂便会到另外一个世界。为了灵魂永存，人们用某些玉器来保护死者的躯体。从战国时代起，历史上用过的葬玉主要有玉覆面、玉衣、玉琀、玉塞、玉握、玉枕、玉鞋等。

4. 佩饰类

佩饰类玉器是指人们佩戴的玉器。这类玉器内容十分庞杂，主要有头饰，如笄、玉梳、翎管；耳饰，如玦、珥珰；项饰，如系璧、佩璜、玉全佩、项链、玉勒子、玉牌、玉坠；手饰，如手镯、扳指；服饰，如玉带钩、玉佩；剑饰，如玉剑首、玉剑格、剑鞘上带扣、鞘末玉饰。佩饰类玉器产生于原始社会，一般是器形较小的板状体，器身有穿孔。

5. 生产工具类

生产工具类玉器主要见于新石器时代和青铜器时代。随着青铜冶铸业的繁荣和铁器的出现，这类以玉材琢成的生产工具逐步消失。生产工具类玉器主要有斧、铲、凿、锛等。玉制工具与青铜工具的形制并无太大差异。河南省安阳市殷墟妇好墓、四川省广汉市三星堆祭祀器物坑、江西省新干县大洋洲商墓等都出土有大量的玉制工具。

6. 生活用品类

生活用品类玉器主要是指玉制器皿。最早的玉制器皿出现在商代，如玉簋。战国、秦汉时期，常见的玉制器皿的种类大大增加，主要有玉角杯、玉卮（卮是古代的一种器皿，常用来盛酒，产生于战国末期，流行于汉代，秦时杯卮并行使用）、玉奁（玉制的盛香物或梳妆用品的器具）、玉灯、玉羽觞（羽觞即酒杯，又名耳杯，始见于战国，兴盛于西汉，终于唐代）等，其形制与同时期的陶器、铜器、漆器相同。唐宋以后，玉器皿品种更多，工艺也更精美，常见的器形有玉杯、玉碗、玉瓶、玉制餐具、玉制文房用具（文房用具包括毛笔、砚台、笔筒、镇纸、笔架）、玉制酒具、玉制茶具等。到了清代，生活用品类玉器的品种和数量均达到历史高峰。

玉斧

7. 赏玩类

赏玩类玉器主要是指用于陈设、观赏和把玩的玉器。商周时代，曾出现过一些无穿孔的小件圆雕玉器，主要是玉兽，它们可能就是当时的陈设玉器。到了清代，玉制陈设达到鼎盛，赏玩类玉器主要有玉山子、玉屏风、玉香炉、玉花瓶、玉花插、玉佛、玉观音、玉兽、玉人、玉制鼻烟壶等。

中国传统的玉器在几千年的发展进程中，其用途并非一成不变，绝大多数玉器无论是品种还是形制都随着时代的变化而演变，只有少数几种较为稳定；其中也有先作为某类玉器，后又作它类玉器的情况发生，如玉璧产生较早，使用时间较长，且经过不断演变，由先作为礼玉而后又作为饰玉出现。

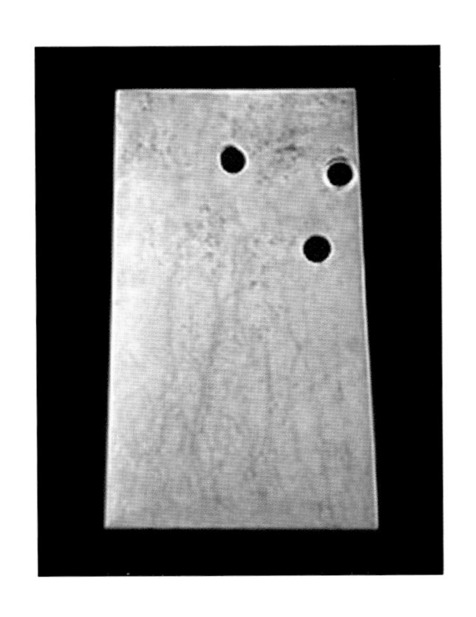

玉铲

玉剑首

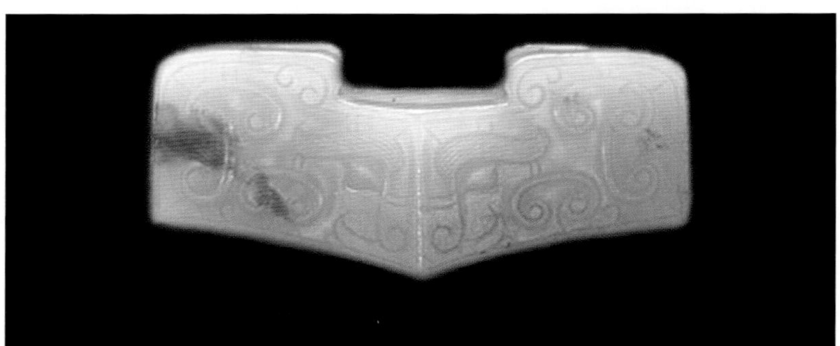
玉剑格

玉谷纹璏

第三节 和田玉在中国古玉器中的地位

1. 和田玉是中国古玉器的主要玉材

通过文献记载及出土玉器的鉴定，对中国古代玉材的使用，大体上可归纳为四个大的阶段。

新石器时代 特点是以当地产的彩石作为玉器原料，主要以北方的红山文化、南方的良渚文化、台湾的卑南文化为代表，主要的玉料有石英岩、硅质岩、透闪石岩、蛇纹石岩等。

商代晚期到战国时期 古代和田产的玉石和中原地区产的彩石并存，和田玉的数量渐呈上升趋势。最迟到商代，玉材的使用情况发生了重大变化。据河南省安阳市殷墟妇好墓、江西省新干县大洋洲商墓等处出土玉器的鉴定得知，已有相当一部分玉料来自古代和田，这时距汉武帝派张骞出使西域还有千年之久。距今3000多年以前就有人开始把玉从古代和田运入中原地区，可知早在丝绸之路向西开通之前，就已经有一条由古代和田通往中原地区运输玉石的道路。

汉代到明代 玉材以和田玉为主。到西汉中期，中原地区和西域的交通畅通无阻，和田玉源源不断地运进中原地区。在各种玉材中，和田玉的质地、颜色都是其他彩石无法比拟的，所以自从和田玉进入中原地区后，就在各种玉石中脱颖而出。汉代的诸侯王墓中出土的许多玉器，如河北省满城县汉代中山靖王刘胜夫妇墓、安徽省寿县汉淮南王墓等，据鉴定多为和田玉。而民间用玉则大部分为独山玉和岫岩玉。从秦汉以后几大玉材比较来看，就质量而言，和田玉最好，其次是独山玉；而就产量而言，情况

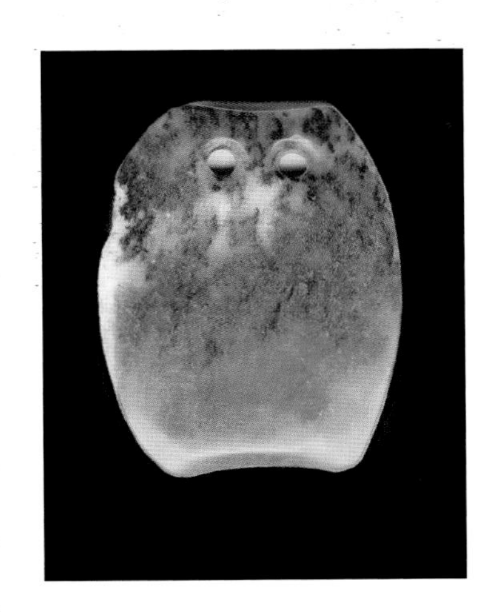

玉锛

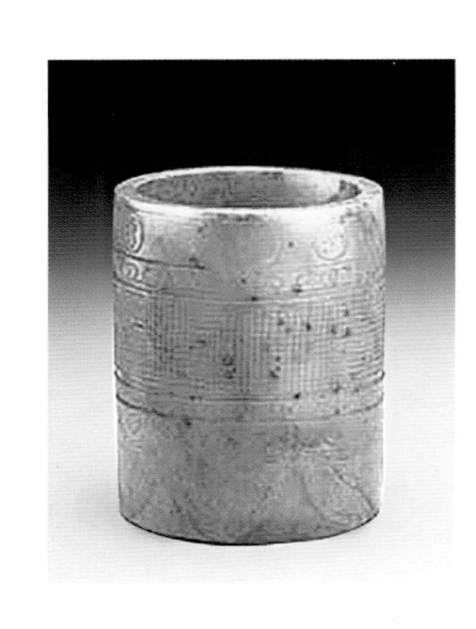

玉奁

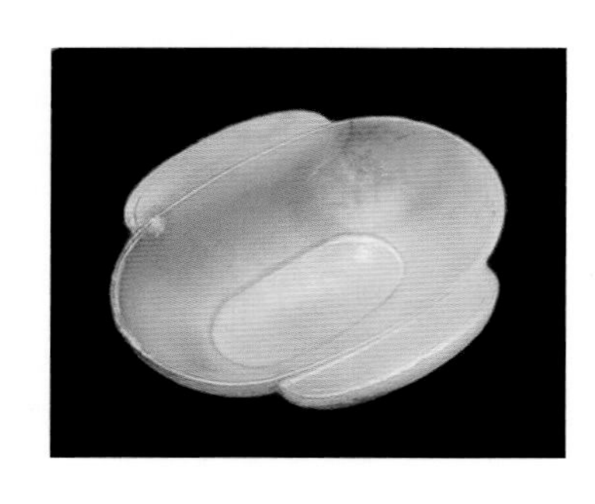

玉羽觞

刚好相反，和田玉最少，这也是其珍贵的原因所在。

清代 和田玉在这一时期内基本占垄断地位，直到清末，随着翡翠的大量涌入，和田玉才渐渐变少。器重和田玉的风气从商代一直延续到清代，尤其乾隆不惜斥巨资从新疆地区购进和田玉到中原地区琢制玉器，如现藏于故宫乐寿堂的青玉《大禹治水图》山子，就是从新疆运往扬州进行琢制后又运回京城的玉器珍品。

2. 和田玉的功能

政治地位 玉器刚刚出现之时，只是作为生产工具和原始装饰品，随着生产的发展，人类社会产生了贫富分化，导致阶级的产生和国家的出现，等级观念也随之产生，慢慢地，这种产量稀少、美丽耐久的玉器就成为统治阶级专门享有的器物，并赋予其特殊的意义。在春秋战国时期，关于玉器的使用就已有详细的记载，如王执镇圭、公执桓圭、侯执信圭、伯执躬圭、子执谷璧、男执蒲璧。这些规范是以玉器的形制和尺寸来区分的，镇圭最大，桓圭次之，信圭再次之……地位最低的男爵则用具有蒲纹的璧形玉器。秦以后，玉玺成了君权的象征，以玉为玺的制度，一直沿袭到清代。玉玺如此，玉带也有级别规定，唐代就明确规定了官员用玉带的制度。《新唐书·车服志》中记载了“以紫为三品之服，金玉带銙十三；绯为四品之服，金带銙十一；浅绯为五品之服，金带銙十……”可见，从商代至清代，特定形制和图案的玉器一直是作为政治等级制度的重要标志器物。

道德赋予 玉文化从产生之时，就被赋予了道德观，《礼记·聘义》中的“君子比德于玉”等都是对玉进行了人格化。玉的道德内涵在西周初年就已产生，从那时起，社会发展了一整套的用玉道德观。将其理念化、系统化是在孔子创立儒家学说以后。儒家的用玉观一直贯穿整个中国封建社会，并深深根植于人们的心中。

经济价值 玉器的经济价值是不言而喻的。玉器作为财富的标志，早在原始社会的良渚文化、红山文化中就有表现，有些大型墓葬中作为陪葬的玉器多达几十件甚至上百件，可见墓主是有权有势、财富万贯的首领。到奴隶社会，这种现象更加明显。著名的河南省安阳市殷墟妇好墓、江西省新干县大洋洲商墓中，葬玉更是丰富，表明大的奴隶主贵族拥有贵重的玉器。到汉代，葬玉之风更加兴盛，著名的汉代金缕玉衣、银缕玉衣、铜缕玉衣就出自这个时期。另外，最能表明玉器经济价值的是商代的玉币。商朝用玉作成贝形币，作为商品交换的凭证，也有用玉直接进行交换或作为进贡的礼品。到了明清以后，玉器雕琢和贸易成为一种行业，玉器身价普遍升高，具有了收藏价值和保值性。

礼仪功能 礼仪用玉一直占中国玉器的主流，从新石器时代晚期起，许多玉器如琮、璜、璧等，就一直被人们用作礼仪用器。早在5000年前，玉器的礼仪功能就已表现出来，良渚文化的玉璧、龙山文化的人面纹玉铲、二里头文化中的牙璋，都是纯粹的礼仪用器。在稍晚的时代，一些玉兵器也作为仪仗用器。有名的“六瑞”既是政治等级制度的标志，又是礼制的具体体现。《周礼·春官宗伯·大宗伯》记载，“以苍璧礼天，以黄琮礼地，以青圭礼东方，以赤璋礼南方，以白琥礼西方，以玄璜礼北方”，其中璧、琮、圭、璋、琥、璜合称为“六器”。“六瑞”和“六器”是封建社会礼仪用玉的主干，直到元代，皇宫举行祭祀大典时，还用了圭璧、黄琮、青圭、赤璋、白琥、玄璜；明十三陵中也出土有玉圭等礼器。在山西省侯马市春秋盟誓遗址中，发现了大量的玉圭、玉璜一类的器物，应该是结盟仪式用的礼器。

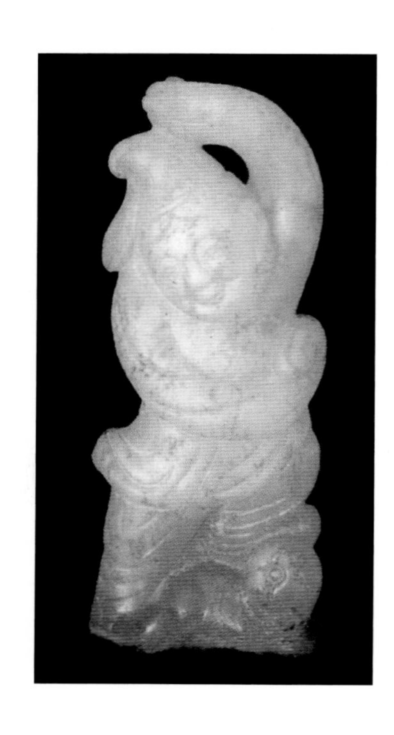

戏狮胡人　唐代

宗教用器　新石器时代的原始宗教中，就已开始用玉器作为沟通神和人的法器。当时由于生产力水平低下，人们征服自然和疾病的能力很弱，对自然界的许多怪现象无法理解，于是产生了崇拜祖先的图腾文化，如母性崇拜、生殖崇拜等。红山文化中的玉龙和龙玦就是该部落的图腾形象，良渚文化中的人兽图案也属于部落图腾。中国的道家用玉作为法器也不乏记载。佛教传入中国以后，玉造佛像在唐宋以后一直颇为流行。

佩饰和玩赏　这是玉器的最初功能之一，也是玉器最广泛的用途。在古代，君子必佩玉，玉无故不去身。可见玉器不仅是简单的装饰，还表明了身份、风气，起到了感情和语言交流的作用。

从新石器时代起，东北的新乐文化、华北的裴李岗文化、江南的河姆渡文化中，都发现有玉制饰件，如玦、环、坠等。河南省安阳市殷墟妇好墓出土的700多件玉器中，相当一部分是作为佩饰用的穿孔玉器。春秋时，君子、年轻女子佩玉之风十分盛行，青年男女还互赠佩玉作为信物。佩玉成为一种社会时尚，历数千年而不衰。隋唐之后，作为佩饰的玉器在品种上有了很大的变化，主要是作为耳、腕、手和头部的饰品。作为观赏玩物的玉器，商周以来就有许多，小的圆雕作品大多为玩赏品；唐宋以后，也有作为陈列的玩赏玉器，如瓶、炉、壶、山子、人物等。

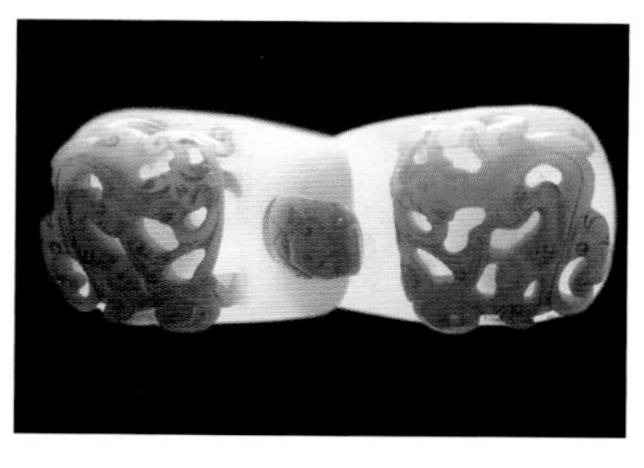

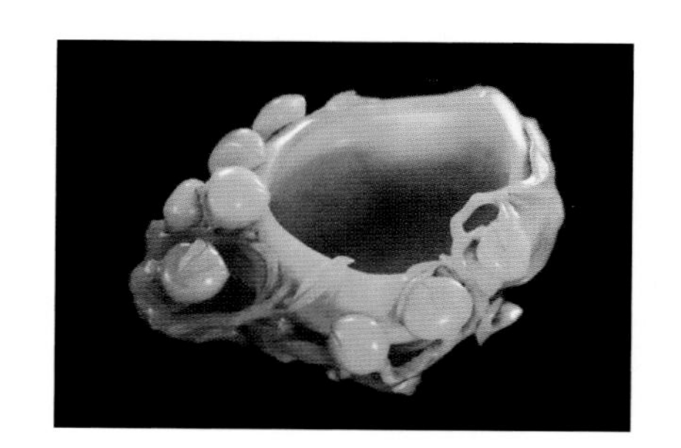

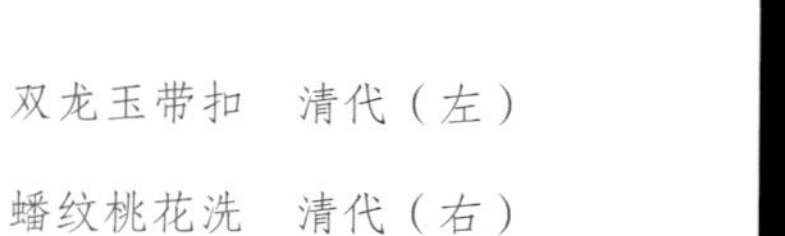

双龙玉带扣　清代（左）

蟠纹桃花洗　清代（右）

第四节　和田玉的代表作品

和田玉的琢磨，一般经过选料、设计、开料、表面磨平、掏膛、雕花、抛光等工序后，通过玉雕艺人之手，雕琢成为各种各样的工艺品，乃至国宝。例如唐代的绿色玉石戒面，宋代的三嘴白玉灯，明代的玉带，清代的青玉镂雕蟠纹桃花洗、双龙耳玉杯、双桃玉洗、双龙玉带扣、青玉《赤壁泛舟岛屿图》山子等玉器。到了清代乾隆年间，和田玉得到大规模的开采，被雕制成各种大型玉器。

1. 青玉《大禹治水图》山子

玉料是质地温润、致密而坚硬的青玉，采自新疆昆仑山北坡的密尔岱山。

制作时根据《大禹治水图》画轴稿本，由清宫造办处在宫内先按玉山的前后左右位置，画了四张图样，随后又制成蜡样，送乾隆阅示批准后，随即发送扬州。因担心扬州天热，恐日久蜡样熔化，又照蜡样再刻成木样发往扬州雕刻。玉料于乾隆四十六年（1781）发往扬州，至乾隆五十二年（1787）玉山雕成，共用了 6 年时间。琢制期间，汇集了众多能工巧匠，总工程量达 15 万个工作日，耗费白银 15000 多两。

青玉《大禹治水图》山子，高 224 厘米，宽 96 厘米，重 5350 多千克。它置于嵌金丝的褐色铜铸座上，青玉的晶莹光泽与雕琢古朴的青褐色铜座相配，更显得雍容华贵、互映生辉。作品再现了当年大禹率领百万民众开山治水、改造山河的壮丽场面。玉师以剔地起突的雕琢法，巧妙地结合材料进行了周密的、有条不紊的琢磨。更奇特的是，在出巅浮云上雕有一个金神带着几个雷公模样的鬼怪在开山爆破，给这件玉雕巨作赋予了浪漫主

青玉《大禹治水图》山子　清代

义的色彩。

通过巨匠之手，把大禹治水的宏伟场面艺术地显现在巨玉之上，使之流传至今，这件巨雕不愧是中国玉器工艺美术上的伟大创举，堪称稀世珍宝。乾隆在青玉《大禹治水图》山子背面题诗“功垂万古德万古，为鱼谁弗钦仰视。画图岁久或湮灭，重器千秋难败毁”，以示对大禹的崇敬。

2. 青玉《会昌九老图》山子

玉山子采用和田玉，于乾隆五十一年（1786）在扬州琢成。玉石青色兼碧黑色，其高1450厘米，宽900厘米，重830千克。玉雕四面通景精巧，有悬崖峭壁、山间流水、羊肠小道、松竹亭台、松鹤桐荫。其间9位长须老翁和7个书童有的立于下有流水的木桥上喁喁交谈，有的立在山腰的亭台里对弈饮茶，有的手持龙首杖观看远景，有的伏于案前倾心弹琴。玉雕下饰嵌金片的铜座，显得山高路远、景物纵深。

3. 青玉《秋山行旅图》山子

玉料产自新疆昆仑山北坡的密尔岱山，成器后重500多千克。玉山高130厘米，最宽处74厘米，最厚处20厘米。前后用工3万人，总计费时5年。乾隆先后于三十五年（1770）和三十九年（1774）两次为之赋诗赞赏。

玉山子是以清朝优秀宫廷画家金廷标的《秋山行旅图》为蓝本创作的一件大型玉雕作品。《秋山行旅图》是一幅纸本水墨画，描绘了金秋时节的迷人景色：巍巍高山，潺潺流水，秋枫秋叶分外妖娆；崇山峻岭中，赶着毛驴的驼队在艰难地跋涉。这件玉料玉质洁白，中间杂有淡黄色斑，内含石性，通体重绺，犹如冰裂。扬州的匠人们根据玉料石性重、皱纹多的特点，巧妙地运用玉石的天然青黄色，将《秋山行旅图》中的崇山峻岭、

青玉《会昌九老图》山子　清代

千沟万壑和漫山遍野的苍松翠柏，栩栩如生地雕刻下来；同时以登山行旅为主题，使玉料特点与题材内容融为一体，成就了一件富有艺术感染力的作品。青玉《秋山行旅图》山子是中国清代玉器史上的巅峰之作，被称为“瑰宝中的瑰宝”，也是故宫“玉雕三宝”之一。

此外，《丹台春晓图》玉山、云龙青玉大翁大型玉雕，重量均达数千斤。还有清代宫廷造办处用和田玉石雕刻出的国玺、玉书、玉册、玉磬（乐器）以及花翎管、鼻烟壶等物件，均是我国玉雕工艺史上的珍品。

和田玉驰名中外，用其雕琢出的玉器巧夺天工、令人赞美，往往被视为珍宝。在琢玉过程中出现了许多技艺高超的著名工匠，如琢制秦玉玺的孙寿、宋代琢制玉观音的崔宁、元代广泛传授琢玉技艺的邱长春、明代琢玉嵌宝名师陆子冈等人。现代琢玉工艺在继承传统技法的基础上，更加讲究艺术造型和做工的纤细，形成了现代的风格，品种也大增；尤其是人物、鸟、兽、花卉等类型的作品，如用羊脂玉雕的双鹿，墨玉雕的双马，形象逼真，惹人喜爱。

青玉《秋山行旅图》山子　清代

青玉《赤壁泛舟岛屿图》山子 清代

第三章　和田玉器的制作工艺

DISANZHANG HETIAN YUQI DE ZHIZUO GONGYI

玉石是地质年代地壳运动的结果，是大自然的产物。在距今一万年前后的新石器时代早期，磨制技术开始应用到石器加工过程中。在选择打制琢磨玉石生产工具的过程中，人们逐渐认识到玉石的坚硬美观，开始从生活区附近的河流、山冈寻找玉石，用来制作生产工具和装饰品。在我国，不仅和田玉的开采和利用历史悠久，而且玉石种类也比较丰富。

微信扫码

发现西域玉石

品阅艺术魅力

第一节　玉石采集

1. 玉石的存在形态

玉石分为原生矿和次生矿两种。原生矿是指地质年代生成后蕴藏于山体的原生矿体。次生矿是指从原矿体剥离成小块之后，洪水将其冲至山坡或谷底河中的鹅卵状玉石。

籽玉　又称“子料”“籽料”“水料”，是指原生矿剥蚀后被洪水冲刷搬运到河流中的玉石。籽玉分布于河道中及两侧的河滩上，或藏于水底，或裸露地表，或埋于地下。它的特点是块度较小，一般为鹅卵状。因为年代久远，长期受水的搬运、冲刷，所以籽玉一般表面光滑，质地较好，温润无比。籽玉还可以细分为裸体籽玉和皮色籽玉。裸体籽玉一般采自河水中表面无皮子的玉石，而皮色籽玉一般采自河床的泥沙中。作为一种天然矿物，玉料在未加工前，往往在玉质外有一层石质包裹物，俗称玉皮。有些玉器在制作过程中，为了设计的需要而有选择地适当保留一些玉皮，形成巧作。和田玉中有一些名贵的籽玉品种，如秋梨皮子、虎皮子、枣皮红、洒金黄、黑皮子等。玉雕界用“仔玉见红，价值连城”这句行话来形容红皮子的珍贵。在其他玉种中，翡翠原石中的“老坑”“新坑”料，岫岩玉中的“河磨玉”也都属于籽玉。

山流水　又称山料水玉。山流水是指原生玉矿石经风化崩落，并由河水冲击至河流中上游而形成的玉块。山流水的特点是距原生矿近，搬运、冲刷年代较短，玉料块度较大，棱角稍有磨圆，表面也比较光滑。山流水是介于原生矿和籽玉之间的软玉。作为玉石中存在的一种特殊形态，目前只见于和田玉中。

山玉　又称山料，是指人们在山上开采得到的原生矿。山玉的特点是块度不一，棱角分明，表面粗糙，质量有好有坏，总体上不如籽玉和山流水。但山料块体较大，是制作大型玉器皿的主要原料。我国古代的独山玉、岫岩玉、和田玉等玉石品种主要是山料，明清以来翡翠的山料也是玉器加工的主要原料。

戈壁玉 戈壁玉是指原生玉矿石经风化崩落，并由洪水携带到河流最下游的戈壁滩上的玉石。由于内陆河正常年份的河水到不了最下游，那么滞留在河床上的玉石长期裸露在地面上，经风吹日晒就形成了玉石坑坑洼洼的表面。

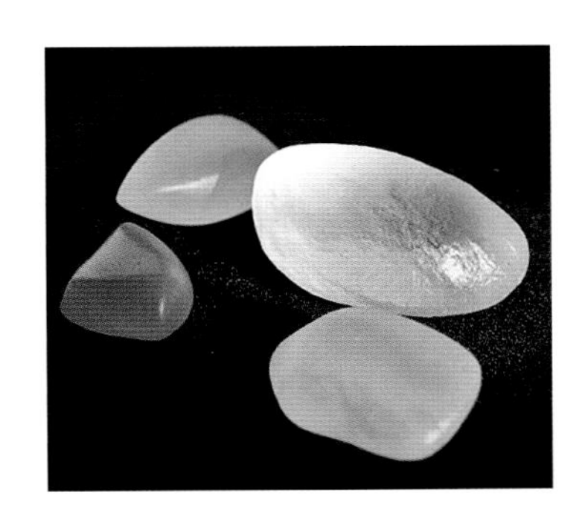

戈壁玉

2. 玉石的采集方式

采集玉石实质上就是直接从大自然获取玉石原料，这是玉器制作的基础和前提。和田玉是我国古代较早发现和利用的玉种，其温润的质地、美丽的色泽深受国人的喜爱。几千年来，人们采玉的方法随着情况的变化，经历了由简到

籽玉

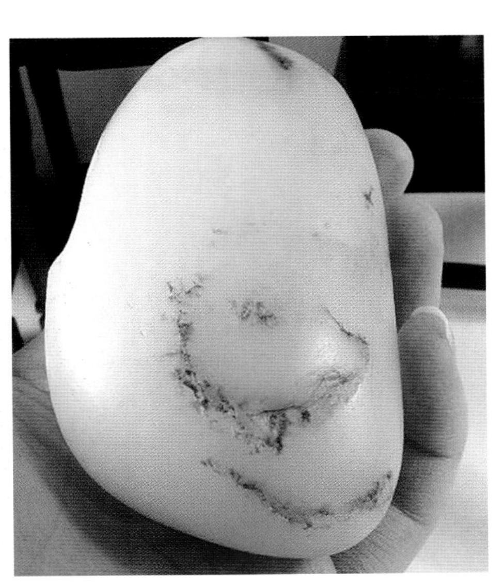

山流水

繁、由易到难，由一种方法到多种方法发展的过程。最初人们在河滩上就可以捡到美丽的籽玉，以后又在河流中捞取籽玉，再后来开始在河谷中的台地沙砾中挖取那些早期河流冲积物中的籽玉，最后发展到沿河追溯，继而发现生长在岩石里的原生玉矿。因此，古代采玉有捡玉、捞玉、挖玉、攻玉等多种方法。

捡籽玉　捡籽玉就是在河流的河滩地表上拾取流水携带和冲刷暴露出来的籽玉。这是一种传统的采玉方法，一年四季都可以到河滩上去捡籽玉，因此，从古到今一直被人们采用，直到今天还是人们获得玉石的一种办法。捡籽玉看似简单，其实有很多技术要领。一是要注意选择拾玉的地点。一般找玉的地点往往在河道内侧的石滩、河道由窄变宽的缓流处和河心沙石滩上方的外缘。二是要注意拾玉进行的方向，最好是自上游向下游行进，使目光与卵石倾斜面垂直，以便于发现玉石。三是要注意随太阳方位而变换方向。方法是背向太阳，这样眼睛才不会受到阳光的刺激且又能较清楚地判明玉石的光泽与颜色。籽玉

白玉　13.8吨，采掘于新疆和田古河道上游。从目前和田玉开采的记录来看，这是迄今为止整块的、最大的和田白玉

的分布也有规律，一般在河流中下游的籽玉块度都不大，多在 0.2 千克 ~ 1.5 千克。在河流上游可以拾到大块度的籽玉，但能用作玉雕的料较少，大部分是重几十千克至上百千克的杂色玉。

捡籽玉

捞籽玉 捞籽玉就是人们在水浅的河流底部采集玉石。夏季时气温升高，昆仑山上冰雪融化，河水暴涨，山上的原生玉矿经风化剥蚀后形成玉石碎块由洪水携带奔流而下，到了低山及山前地带因流速骤减，玉石就堆积在河滩和河床中。到了秋季，气温下降，河水渐落，这时气温适宜，就可以入水捞玉。所以秋季是人们捡玉和捞玉的最好季节。到了春季，河流上的冰雪融化，也是捡玉和捞玉的好季节。

捞籽玉

挖掘籽玉 暴露在河滩地表上的籽料不仅数量有限，而且一般是在河流涨水期过后的一段时间内比较容易找到。但年复一年、日复一日，地表上的籽玉已经越来越少了，为了获得玉石，人们不得不在河滩里挖开沙砾寻找玉石。所以挖玉是指离开河床，在河谷台地、古河道和山前冲积扇上的砾石层中挖寻和田玉的方法。由于古代挖玉工具简单，需要付出艰巨的劳动，且长时间局限在很小的范围里，所以获取玉石的概率很小，不如拣玉效果明显。

开采山玉 开采山玉古代也称“攻玉”，即开采原生玉矿。当下游河滩上和河床上的籽玉越采越少时，为了获取珍贵的和田玉石，人们就不断地走向上游，一直找到河流的源地——昆仑山。开采山玉就是根据玉矿在地表的露头处沿矿脉打矿坑或矿洞取出玉料。玉矿在昆仑山之巅，常年积雪，因此开采山玉一般是在夏季。即使是夏季，雪山上也是高寒缺氧，交通险阻。《太平御览》记载：“取玉最难，越三江五湖至昆仑之山，千人往，百人返，百人往，十人返。”即使如此，古代人民仍冒着生命危险，在昆仑山和阿尔金山上开矿采玉。清代比较详尽地记载了开采山玉的地点，主要是新疆地区的塔什库尔干县大同玉矿、叶城县密尔岱玉矿、皮山县康西瓦玉矿、于田县阿拉玛斯玉矿、且末县塔特勒克苏玉矿、且末县塔什赛因玉矿等 6 处。到目前为止，山玉是玉雕业玉石原料的主要来源。

3. 古代采玉

自从古代先民在玉龙喀什河和喀拉喀什河发现和田美玉以来，数千年来，在河流的两岸就从未断过采玉人。

先秦时期 历史文献记载很多，如《竹书记年》记载："（周穆王）十七年，王西征昆仑丘，见西王母。其年，西王母来朝，宾于昭宫。"学术界认为《竹书记年》是战国时期的作品，这里提到的"昆仑丘"就是现在的昆仑山。为此，《穆天子传》赞曰："惟天下之良山，宝石之所在。"后来《穆天子传》也记载："天子于是攻其玉石，取玉版三乘，玉器服物，载玉万只。"殷墟出土的甲骨文中有"庚子卜，……取玉于仑"的记载，可见在商代之前就已经知道古代和田出玉石。

汉唐宋时期 《史记·大宛列传》云："于阗之西，则水皆西流注西海。其东，水东流注盐泽。盐泽潜行地下，其南则河源出焉。多玉石，……而汉使穷河源。河源出于阗，其山多玉石，采来。天子按古图书，名河所出山曰昆仑。"

关于采玉制度的记述，直到唐代以后才出现。《新五代史》载："东曰白玉河，西曰绿玉河，又西曰乌玉河，三河皆有玉而色异。每岁秋水涸，国王捞玉于河，然后国人得捞玉。"由此人们得知，古代和田采玉主要是从河中捞捡，官方有优先权，百姓只能等官方捞拣后才可以下河捞玉。后来的《宋史》沿袭了这一记载。

从唐代开始，和田玉大量输入中原地区。唐代刘驾的诗《昆山》云："肯时玉为宝，昆山过不得。今时玉为尘，昆山入中原。白玉尚如尘，谁肯爱金银。”昆山即昆仑山。这说明在唐代，中原人已赴昆仑山诸河采玉。

元明清时期 元代，朝廷直接控制西域的采玉生产，派官员和玉工赴于阗等地采玉，并命各地驿站传递运送至京城，费用由官府支给。如至元十年（1273）曾派玉工到于阗采玉，发给“铺马六匹，金牌一面”，敕令“必得青黄黑白之玉”（《经世大典》）。在官方从事采玉的同时，也有民间的采玉生产。元代马祖常《河惶书事》记载的“波斯老贾度流沙，夜听驼铃识路赊；采玉河边青石子，收来东国易桑麻”正是私采贩运的实证。明代汉文史籍对古代和田采玉的记载很少，《明史》基本照抄前代的记载，反而是民间科学家宋应星的《天工开物》对古代和田采玉方法的记载比较详细：“凡玉映月精光而生，故国人沿河取玉者，多于秋间明月夜，望河候视。玉璞堆聚处，其月色倍明亮。凡璞

开采山玉

随水流，仍错杂乱石浅流之中，提出辨认而后知也。白玉河流向东南，绿玉河流向西北。亦力把力地，其地有名望野者，河水多聚玉。”宋应星本人并没有去过于阗，对于阗采玉情况多是听人之说，水中采玉的实际情况，应该是在汛期过后，河水流量减少，流速减慢，在缓流的河水或清澈的积水中捞取。

山玉的开采始于何时暂无定论，有明确记载的是在明代。明代在叶尔羌开始了进山开采玉矿的生产活动。明万历三十一年（1603），葡萄牙人鄂本笃从印度出发，经由今天的巴基斯坦、阿富汗到达中国。他亲眼目睹了叶尔羌、和阗两地的采玉情况。他写道：“玉有两种，第一种最良，产和阗河中，距都城不远，泅水者入河捞之，与捞珠相同。……第二种品质不佳，自山中开出，大块则劈成片……以后再磨小，俾易车载。……石山远距城市，地处僻乡，石璞坚硬，故采玉事业，不易为也。土人云，纵火烧，则石可疏松。采玉之权，亦售诸商人，售价甚高。租期之间，无商人允许，他人不得往采。工人往工作者，皆结队前往，携一年糇粮。盖于短期时间，不能来至都市也。”鄂本笃对河水中捞玉的记录与《天工开物》所说基本相同，泅水捞玉当为事实。

清朝政府非常重视和阗的采玉、贩运和进贡，采玉规定几经变革，大致经历了民采（1761 年以前）、官民合采（1761—1821）、民采（1821 年以后）三个阶段。

由于和田玉稀贵，清政府曾采取十分严格的管制措施。清代福庆在一首诗中有这样的描述：“羌肩铣足列成行，踏水而知美玉藏。一棒锣鸣朱一点，岸波分处缴公堂。”可见，那时捞玉是官兵层层把守，全为官府垄断。

清朝政府于乾隆二十三年（1758）确定的和阗六城赋税中，有一项是专门关于玉石的：“所产玉石，视现年采取所得交纳”，准许民间自由捞采、买卖，国家仅酌收一定赋税，没有其他的限制。官办采玉始于 1761 年，据徐松的《西域水道记》载：“乾隆二十六年（1761）着令东西两河及哈朗圭山每岁春秋二次采玉……”按当时的采玉制度，朝廷派官员负责采玉，然后由驿站传递进京。乾隆四十三年（1778），乾隆决定凡民间所采之玉可由官方收购，不允许中原地区的商人到新疆地区贩运玉石，否则“即照窃盗例计赃论罪”。因此，这一时期的采玉生产以官采为主，民采为辅，所采玉石一律入官。到了嘉庆四年（1799），清政府由于库存玉石过剩，取消了乾隆四十三年的禁令，允许民间采玉、贩玉和玉石在民间流通，民间采玉又恢复了生机。道光元年（1821），清朝“造办处所贮之玉尚多”“足以敷用”，清朝政府停止了和阗的官办采玉生产。至此，官办采玉生产结束，和阗民间采玉业逐年恢复，日益发展。

第二节　玉雕设计

1. 玉雕设计概念

在石器时代，为了生产需要打造出具有特定使用功能的工具时，在对石块敲击、打磨、钻孔的那一瞬间，设计也就随之自然而然地产生了。敲击与打磨并不是简单的制作，人类的造物活动是一个行动与观念、实用与美相统一的筹划与决策的设计活动。设计就是构思、设想、运筹和规划。

玉雕作品是人们利用玉石材料，通过对玉石形体、颜色和质地的观察，然后构思和设计出要雕琢的形象，最后经过琢磨加工成玉器，借以表达创作者对社会、对人生的感悟。可见玉雕设计的思维方式是一个综合性的思维方式，它需要艺术的感性形象思维，同时需要科学技术支撑的逻辑思维。所以，设计人员在技术上就要处理好两个方面的问题。一是要注意不同玉质、颜色与玉雕作品的关系。一般雕琢玉器的玉料要求颜色美丽、质地温润，无论是采用和田玉还是翡翠，或者是绿松石、玛瑙、岫岩玉、独山玉等玉料，都要尽可能地选用好的玉石，然后寻找设计适合各种玉料的雕琢题材，如白玉适合雕仕女人物，杂色玉适合雕山子，大料适合雕炉瓶，小料适合雕饰物等。二是要注意玉雕作品的意境。意境是我国美学思想中的一个重要范畴，它体现了玉雕艺术的内在美。

玉雕作品的意境是指借助匠心独运的艺术手法汇成的情景交融、虚实统一、深刻表现客观世界或社会人生的情感。每一块玉料都有其本身之意、本身之境，只有根据自己长期的艺术实践，把自己内在的意与境和玉石本身的形与境相结合，将自己的艺术思想和艺术技巧在雕琢的玉器中表现出来，使之成为具体的可以供人们欣赏的艺术珍品。老子在《道德经》中曰："道可道，非常道；名可名，非常名。无名天地之始，有名万物之母。"由于历代玉材的不同，琢玉工具和琢玉技术的不同，加上审美情趣和风俗习惯的不同，玉器的用途和所扮演的角色不同，所以每个时期玉器的造型及主题风格也不尽相同，但历代玉工在设计上追求玉雕作品意境的努力却是相同的。

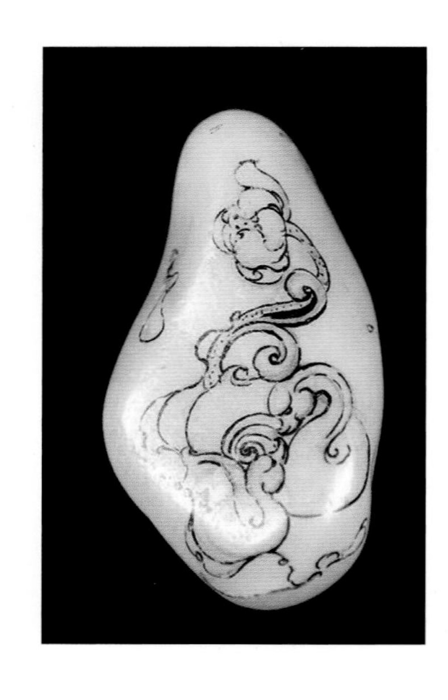

玉雕图案

2. 玉雕设计过程

玉雕设计是一项艰苦的脑力劳动，是人与玉融会贯通的过程。大型贵重玉器的设计时间一般都比较长，特别是俏色玉件的构思设计，必须先画在纸上，反复斟酌酝酿，设计完美后才能描绘到玉料上，然后雕琢者再根据题材图案的线条进行加工。

3. 相玉

也称审玉、审料，"相"意为审看玉料。每一块璞玉的种类、特征差别很大，都有各自特有的大小、形状、颜色、透明度、络裂等特征。这些特征就是一种未经人工雕琢的自然景物。相玉就是仔细观察玉石的外观形状、颜色、玉质和络裂等状况，即视其质料形状构思可作何器。玉雕是减法艺术，完全不同于绘画。绘画可以在空白的画纸上挥毫泼墨，在创作上有许多随意性，而玉雕只能在特定的璞玉上“量料取材”“因材施艺”。因此，只有在雕琢之前多观察玉料，寻找出与之相适应的雕琢题材，才可以减少工时和避免浪费玉料。这反映出玉石雕琢只能根据玉料来确定玉器造型，也就是必须以玉料为基准，寻找与之适应的题材，并力求显现玉石本身的自然美，努力发现玉石蕴藏的价值，提高玉石的利用率，从而创造出精美的玉器作品。可见，相玉是玉雕设计中非常重要的一环。古代玉工总结出“一相抵九工”的谚语，这是玉雕实践经验的精髓。

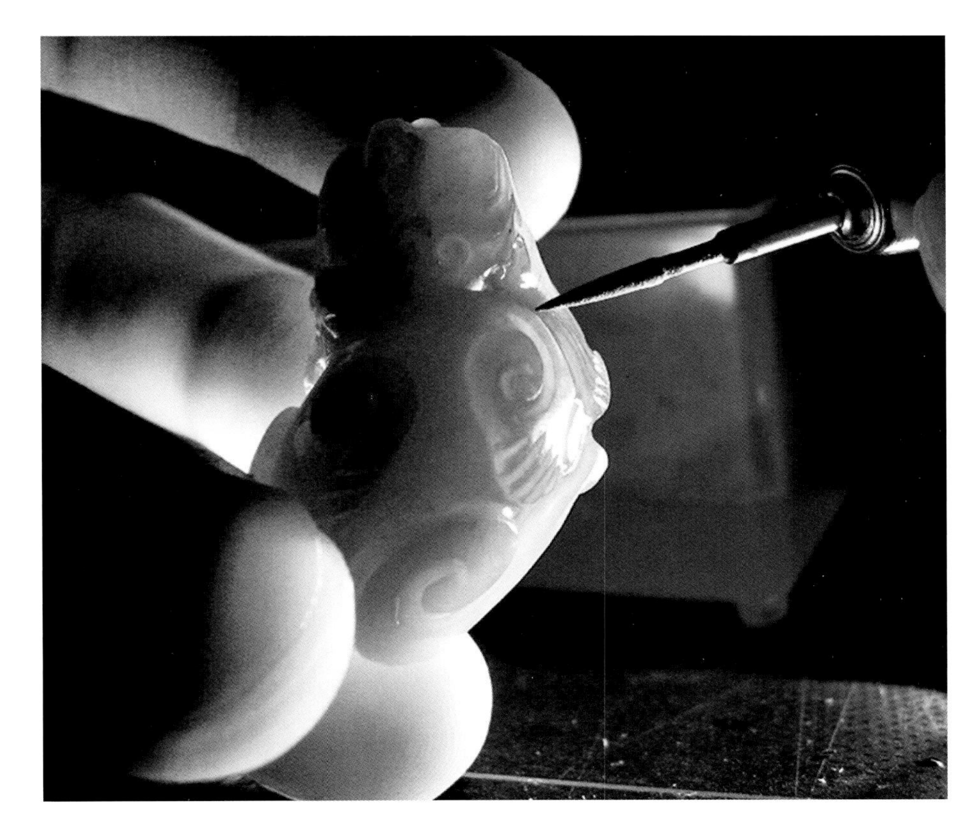

雕刻玉器

相玉就是对所获玉料进行分析研究，以决定设计制作什么样体裁的产品。我们在形容一块好的玉材时常说美玉无瑕，这是相对而言，质地特别纯的玉材只占玉石中很少一部分，含有杂质的占了大多数，质地特别好的玉材则更是少之又少。含有杂质就降低了玉材的利用价值，但是有经验的玉雕大师们，往往能够因材设计，通过独具匠心的俏色搭配，使之变瑕为瑜。

相玉是一个艰苦的思维过程，当原料呈现在面前时，设计者首先应观皮看色。玉料的表面常常有一层或数层外皮，其色和质都不同于玉料。对于风化物状的、没有利用价值的外皮，应彻底去除，对颜色鲜活的外皮，可保留制作成美妙的俏石作品。二是要看料的性。玉性是复杂多样的，各种玉石都有其特性，常见的有硬、软、润、干等性质。这就要求设计时要弄清玉料的特性，做到顺性，才能使产品在制作完工后，更显流畅。三是要挖脏去络。脏是附在玉石表面或藏于玉内的杂质，络则是深浅长短不一的裂纹。玉器设计前，脏、络应尽量去除，没法去除的则要设法掩藏。四是应量料取材，因材施艺，确定每块玉料有哪些可取之处，然后根据材料的自然形态、颜色进行设计研磨，以达到尽善尽美的效果。

4. 构思

相玉的过程是作品孕育的前奏，这时设计人员对玉材已做到了心中有数，然后就开始进行构思创作，在玉石原料上进行大造型设计，并将设计描绘上去。玉雕的设计以传统的五大类——炉瓶、人物山子、花鸟、走兽、仿古杂件为主，以传统题材为重。玉文化是我国特有的文化，在构图中常常会用一些寓意深刻、耐人寻味的构图来表达人们内心对幸福生活的向往与对艺术的追求。扬州玉器在清代最为繁盛，北京故宫好多玉器如青玉《大禹治水图》山子、青玉《会昌九老图》山子等都出自扬州玉工之手。近代最具代表扬州玉器风格的是山子雕。

山子雕的特点是保留玉石的天然外形，以各种名人、名山、名水、诗词、典故为内容，把大自然的千姿百态、人文环境、美好的传说浓缩在一件立体的玉器上。中国的水墨山水、人物绘画对玉雕山子的影响较大。有的玉雕整体题材以某幅山水、人物画为蓝本而作，巧用构图，妙用题材，再根据玉石的特性来构思山石、人物、建筑、花草树木，这使山水画在玉石上得到充分的表现。山子雕运用玉石可谓经典，原料上的绺裂可以是山石的缝隙、树的根须、瀑布流水的浪花，总之精品山子雕呈现在观赏者面前的是一幅立体的山水画。

炉瓶设计何种造型取决于材料的大小、玉质的好坏。除传统的素瓶外，常借鉴一些青铜器的造型，配以传统变形图案，使炉瓶造型更显古朴端庄。由于玉石的绺裂是不以人的意志为转移的，有的绺裂往往表面看不到，在制作过程中却出现了，因此，随时调整造型是必要的。变形的素瓶、茶壶，可以与人物、动物相结合，只要掌握好整体的造型，使作品静中有动、情趣盎然，也能做出佳作。

鸟、走兽、仿古杂件的设计构思对原料的要求就不是那么高了，动态的线条多，鸟兽可蹲、爬、趴、跳、站等，树木花卉可一株独秀，也可万紫千红。总之，量料取材、因材施艺是原则，好的构思、俏石的充分利用是作品成功的保证。

5. 描样

描样是根据设计和构思在玉料上绘制所要雕琢玉件的图样，传统上称“描样”“画活”。描样有两种形式：对一些小件玉器可直接在玉料上描样，不需要画纸样；对大件玉器，先通过审玉，根据玉石的形状、大小、颜色等因素，构思出拟将雕琢玉器的形状，对璞玉形成一个朦胧的轮廓，确定大致要表现的主题，如花鸟人物、炉瓶器皿等题材，然后再将这种朦胧未现的图形，用画笔绘在图纸上或玉料上，使其具体形象地显现出来，这是一个由虚转实的重要过程。

由于玉石原料种类不同、形状各异，玉料多是不规则的多面体，在设计上一般是先确定正面一个比较大的平整面，在上面勾画出将要制作题材形象的轮廓线，然后再依据玉石料形进行全面的勾画。此时，不仅要描出平整面的线条，也要把凹凸不平面上的线条描出来，使玉工能清晰地看到所要制作玉雕件的整体造型，以便在雕琢中恰当地切除多余的玉料或设法合理利用多余的玉料。

描样可分为粗绘、细绘两个步骤。粗绘是在开始琢玉之前，根据设计造型、纸样等把具体形状描绘在玉料上，由此而成的图样称为“粗稿”。细绘则是在出坯工艺之后，把玉雕件造型的局部细节描绘出来，使玉工能充分了解设计意图，便于进行琢磨工艺，此图样则称为“细稿”。一般情况下，从外轮廓到细部环节，再到出坯、粗雕、细雕的雕琢过程中，往往要反复勾画。在没有形成一幅有意境的图样之前，是不能轻易开琢的，因为一旦锯开玉料就不能重新再来。因此，构图描样是设计过程中非常重要的环节。

描样除了要正确贯彻设计的意图，也有一些技术上的要求。一是要准确找到玉料的最高点、最宽点，还要找准中轴线、底边线，巧妙结合玉料形的起伏，测量好尺寸，计算好各部位的比例，按照从上到下、从前到后、由里到外的顺序勾画出大的轮廓。二是对有皮色的玉石，一般是在找准色的位置、色质、大小后，先在玉料上把需要俏色的部分圈画出来，再以这些俏色部位为核心，规划其他部位和整体形象的比例，尽量使基色、异色和整体形象协调一致，从而雕琢出与设计内容相符合的玉雕作品。

第三节 黄金白银在和田玉器制作中的应用

厚重的中国玉文化底蕴，有力推动了和田玉雕刻工艺的不断发展与完善，工艺特征呈现出多样性，使玉器不再是简单的饰品或礼器，而是具有了非常浓厚的艺术性和丰富多彩的文化内涵。如黄金白银在和田玉制作中的表现技法，就在灿烂的玉文化中独树一帜。

在商周时代，黄金和白银在工艺品制作中已应用在铜器上，汉代开始在木器、瓷器、漆器、竹木器、金属、壁画制作中加以应用。应用于和田玉的制作始见于战国至汉代，清代得到繁荣和发展。1949 年后，黄金、白银在和田玉中应用的手工艺技法曾一度濒于失传，改革开放后，这些工艺技法再度走进玉文化的历史舞台。

结合理论研究和实践，黄金和白银在和田玉制作中应用的技法，大致可概括为六种。

1. 金镶玉

金镶玉是花丝镶嵌工艺的一种表现技法，主要突出一个“镶”字。经过金镶嵌的和田玉饰物，其美感更加突出。金镶玉是我国传统手工工艺之一，广泛应用于金银摆件、铜器、首饰、佛像等器物的装饰。

金镶玉是用焊接、浇铸、模压、錾花等工艺制作纹饰图案，然后用爪齿、包边等技法固定所镶物体（玉石），使被镶物体（玉石）突出于所镶载体，起到表面装饰的作用。而小型玉挂件、玉牌等饰物，金饰图案则包裹在其外，以玉为主，以金为辅，烘托玉质之美。

2. 描金

描金工艺应用十分广泛，在玉器、瓷器、漆器、竹木器、泥塑等器物中均有表现，是工艺品中常用的装饰手法。

描金工艺是将黄金研成极细的粉末，再用黏合剂调成糊状，然后用毛笔蘸上，在物体表面进行装饰性描绘。描金所绘图案多种多样，包括书法绘画等；风格多为单线白描，也有工笔画，以增加装饰物的高贵华丽之感。描金工艺有以金代墨之功效，可在装饰器物上充分演绎书法绘画艺术。

3. 鎏金

鎏金也称镏金，汉代称“金涂”，近代称“火镀金”，此工艺早在春秋战国时期就已出现。

鎏金工艺是先将高纯度的黄金捶打成薄片，剪碎后溶解于水银中成为金汞剂（俗称“金泥”），再将金泥均匀地涂在铜器表面，然后加热使水银蒸发，之后黄金就紧紧贴在了器物表面上，再用玛瑙压子在涂抹面反复压磨，把镀金压平（可起到加固和提亮的作用）。

鎏金工艺的特点是镀层厚、耐磨，如反复加镀，可达到所需的最佳厚度。无法采用镀金工艺的大型铜塑像及大型铜器物，采用鎏金工艺是最佳选择。

4. 贴金

贴金是将高纯度黄金经过千锤百炼敲打制成厚度仅 0.01 毫米的金箔。在贵金属中，黄金的延伸性极强，1 克黄金大约能制成 90 至 100 张 6 厘米 ×8 厘米的金箔。因金箔极薄，所以附着力也非常强，很适合装饰表面。贴金工艺使用普遍，操作简单。其主要方法是先将装饰物表面处理干净，然后添抹一层黏合剂，待黏合剂快干时，将金箔用竹钳子夹起，贴在有黏合剂的装饰物表面，再轻刷一遍即成。贴金工艺一般用于织物、皮革、纸张、各种器物以及建筑物表面的装饰上，在大型铜造像和大型壁画中也有应用。

5. 戗金

戗金，也称“填金”，在牌匾、漆器、屏风、家具等工艺品中应用非常广泛。戗金是在所雕刻图案的凹底上平涂金彩或填金片、贴金箔，使图案显露金色阴纹，以增加装饰物的高贵典雅之感。有些牌匾在凹底大面积填金，使图案更加凸显，也使牌匾整体更加金碧辉煌。

6. 金银错

金银错，又称“镂金”“镂银”，是春秋时期发展起来的一种金属细工装饰技法。

制作方法是先将青铜器表面绘出纹饰图案，依纹样錾出槽沟，用金、银或其他金属丝、片嵌入青铜器表面沟槽内，形成金、银纹饰或文字，然后用错石（磨石）错平磨光，使金丝与青铜器表面平滑自然、光彩照人。在一件器物上同时嵌入金、银纹饰即为“金银错”。清代后，金银错工艺在玉器、木器、漆器等各种工艺品中得到广泛应用和发展，玉器行业尤为突出。

玉器中的金银错工艺及金银错嵌宝石工艺，多见于清代乾隆年间，清代以前有金玉结合件、花丝镶嵌等工艺组合的玉器出现，但非金银错工艺。清代乾隆年间，清朝宫廷所存玉器中有很多金银错嵌宝石玉器。这些玉器的器形独特清致，胎体薄如蝉翼，图案主体多为莨苕纹或铁线莲、菊花等植物类的变形纹样。除嵌有精美的金银丝外，还嵌有各色宝石及玻璃。这些器物件件精美绝伦，充分体现出玉、金银、宝石相组合后产生的无限美感，器物的造型、纹饰、色泽、质地、做工都达到了美轮美奂的境界。

金银错嵌宝石工艺的玉器，多采用白玉、青白玉、碧玉、墨玉等原料制作，白玉、青白玉嵌金丝，镶红、蓝、绿宝石；碧玉、墨玉嵌银丝，镶绿松石、珊

墨玉错钯金嵌宝石龙凤纹瓶　24 厘米 ×12 厘米 ×50 厘米

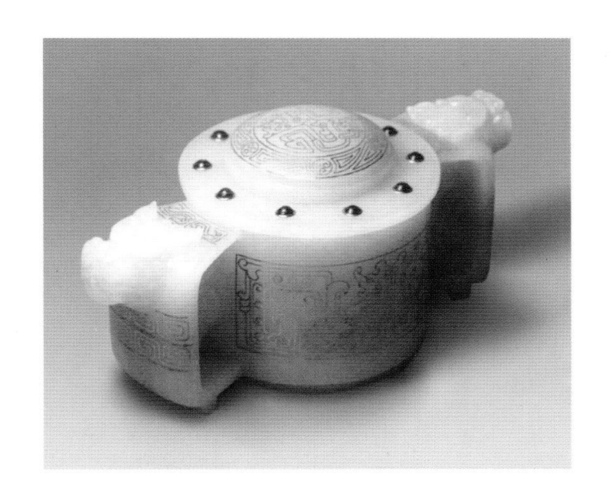

白玉错金嵌宝石夔龙纹天下和谐组合壶（部分一）

白玉错金嵌宝石夔龙纹天下和谐组合壶（部分二）

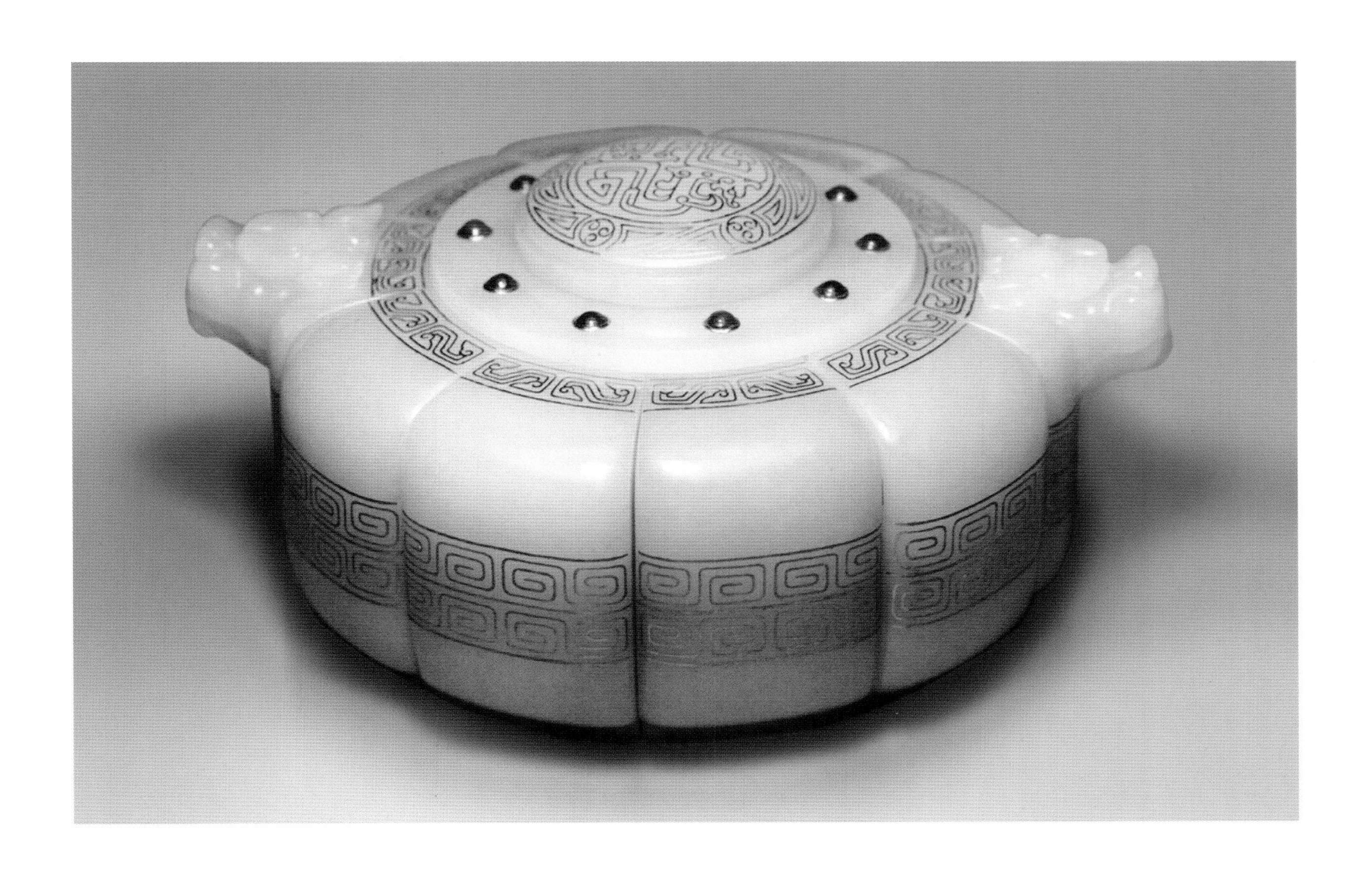

白玉错金嵌宝石夔龙纹天下和谐组合壶 17.5 厘米 ×14.4 厘米 ×7 厘米

白玉错金夔龙纹链子瓶
11.5 厘米 ×5 厘米 ×16.5 厘米

瑚、青金石等宝石。白玉、青白玉为主体的色调浅，配以色泽艳丽的红、蓝宝石及金丝、金片，显得更为高贵典雅。玉石温润的光泽与黄金耀眼的金属光泽相映生辉，使玉器更加绚丽多彩。碧玉、墨玉主体色调深，配以银丝及不透明宝石，更显稳重端庄。在碧绿色为主体的深色器物上嵌以银白色纹饰，可以形成强烈的色差感，犹如夜幕繁星，格外耀眼，也使纹饰更为清秀，整件器物愈加雅致。

黄金、白银在和田玉制作中的应用，是玉文化艺术多样性的集中体现。在博大精深的玉文化历史长河中，因为有黄金、白银的烘托，和田玉作品的艺术价值和文化价值得到进一步提升，成为中华灿烂玉文化的重要组成部分。

第四节　古代文献中的制玉技术

精美的玉器在历朝历代都备受人们的喜爱，前人也创造了几百个以“玉”为偏旁的汉字，在文学作品中对玉和以玉为喻的诗文篇章更是比比皆是。然而古代制玉技术和玉工却不为人们所重视，没有给后世留下比较像样的文献资料，如今我们也只能在浩瀚的历史文献中寻找到一些零星的记载。分析这些资料，了解古代文献中的一些制玉技术，可以帮助我们回到历史的环境和语境中，更为深刻地理解古代制玉技术的进步。

1.《诗经》中的制玉技术

《诗经》是我国第一部诗歌总集，虽为文学作品，其中也有一些对制玉技术的零星记载，如《诗经·小雅·鹤鸣》记载：“它山之石，可以为错。它山之石，可以攻玉。”《毛诗故训传》记载：“错，石也，可以琢玉。”《郑笺》

记载："它山喻异国。"又载："它山之石，可以攻玉。"《韩诗》也说："琢作错。"用现代的词义解释，"错"是名词，指的是磨刀石，亦即是磨玉用的石头；"攻"是动词，指的是磨治，亦即是琢磨玉器的动作和过程。

2.《考工记》中的制玉技术

《考工记》是中国目前所见到的年代最早的反映手工业技术方面的文献，成书于战国时代的齐国。它记述了我国先秦时期六大门类的三十个工种的手工

青玉错金凤纹官帽壶　壶：14.5 厘米 ×8 厘米 ×6 厘米　杯：6 厘米 ×4.5 厘米 ×2.5 厘米

艺技术，即攻木之工七种，攻金之工六种，攻皮之工五种，设色之工五种，刮摩之工五种，抟埴之工二种，广泛涉及传统手工艺中的礼器、兵器、乐器、玉器、生活用器、生产运输工具、建筑等工种的生产、销售、管理及工艺规范，对研究中国科学技术史、工艺美术史和技术思想史都具有很重要的参考价值。《考工记·玉人》是专门写玉器的，书中记载了多种玉器的名称、形制、规范和用途，对玉器的不同身份、不同用途、不同场合，有形制、尺寸、装饰及材质的不同规定。文中提到的四类瑞玉——圭、璧、琮、璋，每类有若干种，其功能是分别用于朝聘、祭祀、聘女、发兵等礼仪。虽然《考工记·刮摩之工》中有玉人琢玉的记载，但遗憾的是并没有记述制玉技术和制玉过程。值得一提的是，书中提出“天有时，地有气，材有美，工有巧，合此四者然后可以为良”的设计理念，以及“圆者中规，方者中矩，立者中悬，衡者中水”的工艺规范，对中国古代玉器设计和制玉技术思想产生了深远的影响。

3.《天工开物》中的制玉技术

明代宋应星编写的《天工开物》是中国乃至世界史上的一部重要的科学技术著作，书中详细记述了古代农业和手工业技术，其中不少是在当时居于世界领先地位的工艺技术和科学创见，被国外研究者誉为“中国十七世纪的工艺百科全书”。《天工开物》分为三编，列为十八个类目，每类一卷，共十八卷：上编记载了谷物的栽种、蚕丝棉苎的纺织染色以及制盐制糖的工艺；中编记载了砖瓦陶艺的制作、车船的制造、金属的铸造、矿石的开采和烧炼以及制油造纸的方法等；下篇记载了兵器的制造、颜料的生产、酿酒的技术以及珠玉的采集和加工等。其中书里还附了100余幅图，是一部图文并茂的科技文献。它对中国古代的各项技术进行了系统的总结，构成了一个完整的科学技术体系，全面反映了古代工艺技术的突出成就。

《天工开物·珠玉》分四部分记述了珠、宝、玉、玛瑙、水晶、琉璃六类，主要篇章皆在介绍产地和种类，其中比较详细地记载了珠玉的产地、采集、加工和真伪鉴别。关于制玉技术的文字不多，其中提到："凡玉初剖时，冶铁为圆盘，以盆水盛沙，足踏圆盘使转，添沙剖玉，逐忽划断。中国解玉砂，出顺天玉田与真定、邢台两邑，其沙非出河中，有泉流出，精粹如面，借以攻玉，永无耗折。既解之后，别施精巧工夫，得镔铁刀者，则为利器也。"虽然只有短短的一段文字，却对制玉技术进行了比较具体的描述：解玉的工具——砣，是用铁制成的；砣的横轴用绳子与脚踏连接，双脚踏动脚踏产生动力，带动横轴十砣旋转，玉工则一手拿玉、一手不断地将水盆中的解玉砂放入砣与玉的切口处，直至将玉器琢磨完成。为了清楚地说明操作方法，《天工开物》还配了三张琢玉图。

值得一提的是，明代宋应星在《天工开物》描绘出的琢玉图里出现了经过唐宋时期改进的水凳，它以脚踏为动力，是雕琢功能完善、加工效率很高的制玉设备。

天工开物

4.《玉作图说》中的制玉技术

清光绪十七年（1891），李澄渊根据宫廷造办处制玉情况，绘制了《玉作图说》。《玉作图说》由 12 幅图画和 13 条说明文字组成。该书不仅画出了玉工劳动操作的场面，还将重要工具名称都一一注明，用图的方式介绍玉器雕琢的过程，生动真实。这 12 幅图形象地告诉我们，在清代琢玉要经过审玉、开玉、磨砣、上花、打钻、打眼等十几道工序。但在切磋琢磨之前，玉工还要反复地观察玉石，努力发现其中蕴藏的天然美感并进行设计，然后才能开始量料取材，因材施艺。《玉作图说》记载的碾玉步骤如下：

天工开物·古人琢玉图（一）

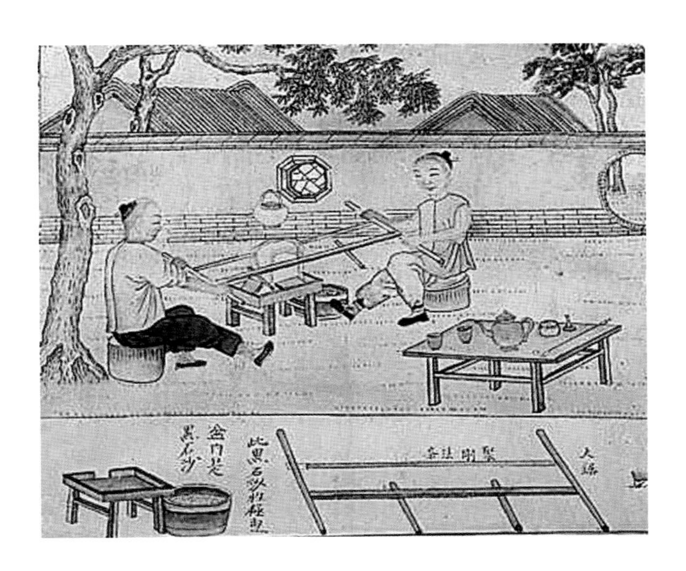

天工开物·古人琢玉图（二）

捣沙图说　攻玉器具虽多，大都不能施其器本性之能力，不过助石沙之能力耳。传云，黑、红、黄等石沙产于直隶获鹿县（今河北省石家庄市鹿泉区），云南等处亦有之，形似甚碎砟子，必须用杵臼捣砟如米糁，再以极细筛子筛之，然后量其沙之粗细，漂去其浆，将净沙浸水以适用。

研浆图说　磨光宜研极细腻黄沙去浆浸水以适用。

本图工具说明：砂浆，黑石沙性甚坚；红石沙，此红沙性微软；黄石沙，性比红沙又软；宝料，为上光用，性软硬似沙土。

开玉图说　器用聚钢条及浸水黑石沙，凡玉体极重即宜用此图内所画之式以开之。至若玉二三十斤则以天秤吊之，再用尺六见圆大扎砣开之。论玉之产于山水，其原体皆有石皮，今欲用其玉，必先去其皮，若剥果皮取其仁也，故

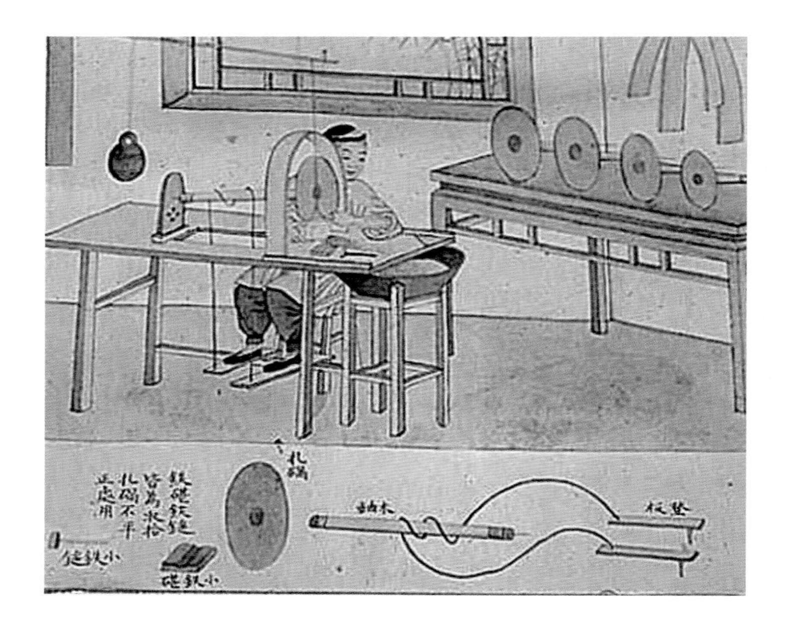

天工开物·古人琢玉图（三）

云开玉。此攻玉第一工也。

本图工具说明：大法条锯，聚钢法条，此黑石沙性极坚硬，盆内是黑石沙。

扎砣图说 砣用木作轴，用钢作圆盘，边甚薄，似刀，名之曰扎砣。用浸水红沙将去尽石皮原玉截成块或方条，再料其材以为器，用冲砣磨之以成其器之胎形。若大玉料体重则以天秤吊之，如小而则以手托之，不用天秤。

本图工具说明： 登板，木轴，扎砣，小铁砧，小铁锤，铁砧铁锤皆为收拾扎砣不平整处用。

冲砣图说 砣用四五分或二三分厚钢圈，圈内横以厚竹板，再以紫胶接在木轴头上，用浸水净红沙以冲削其方条玉之棱角，故名冲砣。玉之棱角既去，器形既成。玉体肤上尚有小坳沙痕则宜磨砣以磨之。木砣、胶砣、皮砣以光亮之。

本图工具说明：冲砣，竹板，尾丁，登板。

磨砣图说 磨砣用二三分厚钢盘、木轴，砣形大小不同，约有六七等，既冲之后宜磨之，使玉体细腻。磨工即毕，宜上花、宜打钻、宜掏堂、宜打眼，再各施其工。

本图工具说明：登板，转绳，尾丁，木轴，紫胶接轴处，钢磨砣。

掏堂图说 掏堂者去其中而空之之谓也。凡玉器之宜有空堂者，应先钢卷筒以掏其堂，工完，玉之中心必留玉梃一根，则遂用小锤击钢錾以振截之，此玉作内头等最巧之技也。至若玉器口小而堂宜大者，则再用扁锥头有弯者就水细沙以掏其堂。

本图工具说明：弯子，铁轴，革绦，铁轴，钢卷筒有透沟二三为存细沙。

上花图说 按：玉作上花，具皆用小圆钢盘，边甚薄，似刀，名之曰丁子，全形似圆帽丁子，故名之。或用小钢砣名为轧砣。此等具可以随意改作，大小以方便适用为度。凡玉器无论大小方圆，外面应有花样者皆用此等具磨冲以上花。

本图工具说明：登板，铁轴，大小丁子，小锤；为正丁子毛病用；为打丁子入铁轴穴，小砣。

打钻图说 是玉器宜作透花者，则先用金钢钻打透花眼，名为打钻，然后再以弯弓锯，就细石沙顺花以搜之，透花工毕，再施上花磨亮之工，则器成。

本图工具说明：坠，活动木，金钢钻，弯弓，浸沙盆。

透花图说 凡玉片宜作透花者，则先以金钢钻将玉片钻透圆孔后以弯弓并钢丝一条，用时则解钢丝一头，随将丝头穿过玉孔，复将结好丝头于弓头上，然后用浸水沙顺花样以搜之，如木作弯锯搜花一样。图内桌上有竖木棹拿子或横木棹拿以稳住玉器。

本图工具说明：横木棹拿，竖木棹拿，钢丝、搜弓，钢丝、弓背于钢丝解开式。

打眼图说 凡小玉器如烟壶、扳指、烟袋嘴等不能扶拿者，皆用七八寸高大竹筒一个，内注清水，水上按木板数块，其形不一，或有孔或有槽窝，皆像玉器形，临作工时则将玉器按在板孔中或槽窝内，再以左手心握小铁盅按扣金钢钻之丁尾，用右手拉绷弓助金钢钻以打眼。

本图工具说明：大竹筒内所用稳玉器木具数块；有孔板，大竹筒，铁盅，金钢钻。

木砣图说 钢砣磨毕玉体虽平，然尚欠光亮，即木砣及浸水黄沙、宝料或用各色砂浆以磨之。若小件玉器不能用木砣磨之，或有甚细密花样者皆不可用木砣磨之，则以干葫芦片作小砣以磨之。

本图工具说明：木砣，铁轴，木轴，转绳，登板。

皮砣图说 此系皮砣磨亮上光之图也，确系牛皮为之，包以木砣之上纳以麻绳，大者尺余见围，小则二三寸不等，皆用浸水宝料磨之。皮砣上光后则玉体光亮温润，使鉴家爱之无穷，至此则琢磨事毕矣。

本图工具说明：登板，绳，木轴，皮砣。

按：扎、冲、磨、木、皮五砣均用挡沙板砣机，掏堂、上花用无挡沙板砣机。打钻木架弓子，打钻、透花用弓子。

第五节 制玉技术历史的悠久性

我国古代制玉技术发展历史的悠久性可以在两个方面得到体现。

一是自身的发展过程源远流长。早在旧石器时代，山西省朔州峙峪遗址就出土了一把斧形水晶刀；在距今 1.2 万年前，辽宁省海城小孤山洞穴遗址出土了用透闪石、岫岩玉打制的砍砸器等。这些打制的玉质石器，可以看作是古代玉器制作的萌芽。考古发现的内蒙古自治区敖汉旗兴隆洼遗址和辽宁省阜新市查海遗址出土闪石类玉器，是目前考古出土时代最早的玉器。但此时制玉技术已经比较完善，说明制玉已经发展了一个阶段，不应是最早诞生的那批玉器。即使将这个时期作为我国古代制玉的起源，我国古代制玉也拥有 8000 多年的发展历史。

在这 8000 多年时间里，随着社会生产力的进步，科学技术的发展，制玉技术从无到有、由简到繁、从小到大，绵延不断，最终发展成为一门独具民族特色的古代手工业。制玉技术历史的悠久性是古代社会需要的结果。社会需要是制玉技术发展的基本动力。只要社会在发展，制玉技术就会存在，这也是制玉技术长期发展的根本原因。

二是我国古代制玉技术的连续性和波浪形发展的形式是同时并存、交替出现的。制玉技术发展的波浪形是社会生产力发展的表现：每当社会稳定、经济发达、文化繁荣的时候，社会生产力就会得到迅速发展，从而形成制玉技术发展的高峰；每当社会动乱、经济萧条、战争频繁的时候，社会生产力就会停滞不前，形成制玉技术发展的低谷。

从制玉技术不断进步的历史考察中发现，每项雕琢技术的出现都是长期积累的结果，新的雕琢技术总是在原有技术的基础上发展起来，表现出世代相承和连续发展的特征。但在古代制玉技术发展过程中又有间歇性低谷，在连续发展的序列中显现出阶段性。在 8000 多年的制玉发展史上，由于政治、经济、文化和战争等因素，波浪形发展表现得非常突出，先后形成了五个高峰。

第一个高峰是成熟阶段的新石器晚期玉器。经过 6000 多年的发展，制玉技术有了较大的改进。我国最早的一批玉工在“以石攻石”的艰辛琢玉中，发明了用解玉砂制玉，这成为世界古代制玉技术史上最伟大的发明，包含了古代先民无穷的智慧。同时，他们发明创造的制玉技术也成为后世制玉技术发展的基础。如良渚文化玉琮上密布的只有 0.3 毫米的阴刻细线是用什么工具雕刻的，又是怎样雕琢的，至今我们也不能完全理解。

第二个高峰是焕然一新的商代晚期玉器。制玉工艺已从石器制作中彻底分离出来，成为独立的手工业，青铜工具开始用于制玉，工艺水平达到新的高度。金属砣具利用旋转动力制作玉器，成为我国古代制玉技术史上的重要发明创造，极大促进了制玉技术水平的提高。

第三个高峰是嬗变时代的战国玉器。这一时期学术思想百家争鸣，艺术上一派繁荣，儒家“君子比德于玉”的社会道德理念开始了玉器对我国古代深远的影响，使玉器的造型设计逐渐走下神坛，步入民间，更多地表现出玉器的使用功能。社会的巨大需求促进了制玉技术的快速发展，冶铁业的发达和铁器的大量使用，使玉雕工具和碾玉技术进一步改进，突出的表现是战国时期的抛光技术达到了一个历史的高峰。这些因素使战国时期的玉雕业飞跃发展。

第四个高峰是弃旧图新的汉代玉器。汉代玉器是中国玉文化史上一个大的转折点。这一时期，强大的汉朝打通了东西方之间的交流渠道，和田玉开始大批量地、源源不断地进入中原，为古代制玉技术的发展提供了充足的玉石原料。也正因如此，和田玉开始成为我国传统玉文化的主体，并将这种影响力一直持续到清代末期。

在人们的思想上，儒学的崇尚礼仪、注重节气成为一种社会风气，封禅、求仙、祭神、厚葬之风弥漫全国，这些不仅影响到玉器的风格和特征，也极大地促进了制玉技术水平的提高。

此外，水凳的发明和应用更是提高了制玉工艺效率。尽管我们今天还没有直接的实物和文字资料证明汉代出现了跪坐式水凳，但根据汉代出土的大量玉器和玉器上残留的加工痕迹，结合美术史、玉器及玉文化研究专家杨伯达先生的研究成果分析，可以肯定汉代发明了玉雕加工设备，这是我国古代制玉技术史上又一项重大发明。

第五个高峰是登峰造极的清代玉器。清代工艺技法集历代之大成，无论玉材的选择、生产的规模，还是玉器的数量和品种、雕琢技术等都远远超过历史上任何一个朝代。尤其是乾隆时期，制玉技术达到历史上的最高峰。这一时期的巨型玉雕技术、薄胎技术、俏色技术都达到了登峰造极的地步，可以用“无所不思，无所不达”来形容。

在这个时期还有一项影响古代制玉技术发展的事情，就是翡翠开始进入我国传统玉文化的大家族，并以其艳丽的颜色博得了人们的喜爱，与和田玉平分天下“霸主”的地位。因翡翠质地比和田玉坚硬，在法国矿物学家德穆尔的影响下，玉文化上出现了软玉（和田玉）与硬玉（翡翠）的新概念。翡翠质地坚硬、颜色丰富，在玉雕设计和加工技术上略微有别于和田玉，因此形成了一套相对独立的加工技术，极大丰富了我国古代制玉技术。

回顾我国 8000 多年的制玉技术发展历史，可以清晰地看到古代居民在劳动中发现美、追求美的情怀，制玉技术也逐步形成一部历史悠久、自成体系、特色鲜明的古代技术史。历代玉工充分发挥了自己的聪明才智，发明了一个又一个古代制玉工具，实现了一个又一个革新，并始终保持着制玉技术和制玉思想的先进性和领先性。

第四章　和田玉的分类与特质

DISIZHANG HETIANYU DE FENLEI YU TEZHI

玉石的品种繁多，种类尚未具体定义，东汉许慎《说文》里解释的玉为“石之美者”，凡色泽美丽、质地坚硬的石头都可以统称为玉石。这里所说的玉石有四个标准：一定的硬度；色彩漂亮，单色多彩；光泽温润；从不透明到半透明（亚透或者透明）。

第一节　和田玉的分类

和田玉的分类主要有两种：一是按产出状态分类；二是按颜色分类。

1. 按产出状态分类

和田玉根据产出状态，主要分为籽料、山流水料、山料、戈壁料。

籽料　又名籽玉，系原生玉石经剥蚀、冲刷、搬运到水系中的砂矿。其特点是块度较小，常为卵圆形，表面很光滑，一般质量好。有的籽玉产于山前洪积冲积扇中，裸露在地面或埋于地下，其中常有羊脂玉。

山流水料　指坠积、块积及冰川洪水等搬运来的和田玉，距原生产地较近。其特点是块大，多棱角，表面较光滑。

山料　指原生矿石，也称之山玉或宝盖玉。其特点是块大，多棱角，开采量大。

戈壁料　原生矿石经风化崩落并长期暴露于地表，并与风沙雨水长期作用而成。戈壁料的润泽度和质地明显好于山料。

2. 按颜色分类

和田玉按颜色主要分为白玉、青白玉、青玉、墨玉、黄玉。值得说明的一点是，和田玉的“类”和“级”之间没有很明确的界限，多数是逐渐过渡的。

（1）白玉类

白玉中虽然都属于白玉类，但因含微量元素的不同，成矿条件略异就显出结构、构造的差异，绺裂、杂质的不等，继而出现不同的白颜色、质地、光泽等。其中有糙米白、鱼肚白、石蜡白、梨花白、月白、葱白等。从理论上讲，白玉是越白越好，但是太白了会变成“死白”。白而不润并不是好白玉，白玉一定要润，温润才是上等白玉。

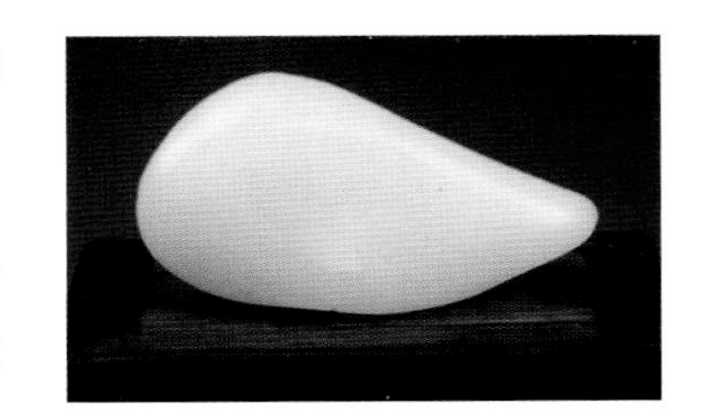
羊脂玉

特等白玉——羊脂玉 颜色是羊脂白，柔和均匀，质地致密细腻、坚韧、滋润光洁，油脂呈蜡状光泽，半透明状，成品状如凝脂，极少绺裂、杂质及其他缺陷，是和田玉中的极品。

一级白玉 颜色呈洁白色，柔和均匀，质地致密细腻、坚韧、滋润光洁，油脂呈蜡状光泽，半透明状，成品基本上无绺裂、杂质及其他缺陷，是和田玉中的上品。

二级白玉 颜色呈白色，较柔和均匀，偶见闪灰、闪黄、闪青、闪绿，油脂呈蜡状光泽，质地较致密、细腻、滋润，半透明状，偶见细微绺裂、杂质及其他缺陷。

（2）青白玉类

青白玉是白玉与青玉的过渡品种，其上限与白玉靠近，下限与青玉相似，是和田玉中数量较多的品种。

青白玉

一级青白玉 颜色以白色为基础，白中闪青、闪黄、闪绿等，柔和均匀，油脂呈蜡状光泽，质地致密细腻、坚韧，基本无绺裂杂质，半透明状。

二级青白玉 颜色以白、青为基础色，白中泛青，青中泛白，非青非白非灰之色，较柔和均匀，油脂呈蜡状光泽，质地致密细腻，半透明状，偶见绺裂、杂质、石花等缺陷。

（3）青玉类

颜色由淡青至深青，颜色种类较多，有虾青、竹叶青、杨柳青、碧青、灰青、青黄等，一般以深青、竹叶青为基础色者最普遍。青玉是和田玉中数量最多的品种。

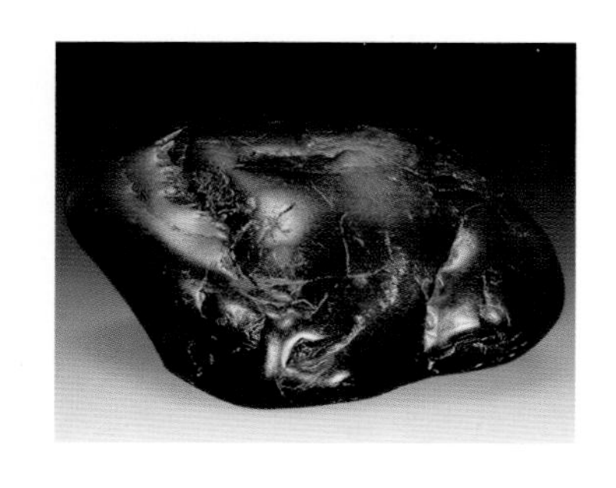

墨玉

一级青玉 色青，柔和均匀，质地细腻、坚韧、滋润光洁，半透明状，油脂呈蜡状光泽，基本无绺裂、杂质和其他缺陷。

二级青玉 色青，闪绿、闪黄等，质地细腻、坚韧、滋润光洁，半透明状，油脂呈蜡状光泽，偶见绺裂、杂质等。

（4）墨玉类

墨玉由全墨到聚墨再到点墨，“黑如纯漆”者乃为上品，点墨和聚墨巧雕后价值极高。

一级墨玉（全墨） 颜色通体“黑如纯漆”，柔和均匀，质地致密细腻、坚韧、滋润光洁，油脂呈蜡状光泽，半透明状，基本无绺裂、杂质等。

二级墨玉 黑色呈叶片状、条带状、云朵状分布在白玉、青白玉或青玉中，均匀者可做巧雕利用，其价值更高。二级墨玉质地细腻、坚韧，油脂呈蜡状光泽，半透明状，偶见绺裂、杂质等。

（5）黄玉类

黄玉有栗黄、秋葵黄、鸡油黄、蜜蜡黄、桂花黄、虎皮黄等色。颜色由淡黄到深黄，以“黄如蒸栗”色者为最佳。

一级黄玉 颜色呈深黄色，柔和均匀，质地致密细腻、坚韧、滋润光洁，半透明状，油脂呈蜡状光泽，基本无绺裂、杂质等。

二级黄玉 颜色由淡黄到深黄，较柔和均匀，质地致密细腻，油脂呈蜡状光泽。另外，在和田玉中往往有“糖”色（似红糖的颜色）分布。糖玉多属于从属地位，故不单独划分为玉种。因“糖”色在玉雕中多成为俏色，很有利用价值，所以备受青睐。如果“糖”色在玉石中占 30% 以上的比例，可参加命名，如“糖白玉”“糖青白玉”等；如果全为“糖”色，可命名为“和田糖玉”。

第二节　和田玉的特质

和田玉的很多物理特征关系到玉石的质量好坏，现将和田玉的颜色和质地分别叙述：

黄玉瓶

1. 颜色

颜色是确定和田玉质量最重要的因素之一。新疆和田玉颜色划分有白色、青色、黄色、墨色、糖色。和田玉的颜色在质量评定中占有重要地位，现将不同类型的和田玉颜色分别进行叙述。

白色　由白色到青白色以至灰白色，其中白色者最好。其名称有羊脂白、梨花白、象牙白、鱼肚白、鱼骨白、糙米白、鸡骨白等。羊脂玉是白玉中的上等材料，其特点是“水头”足，质纯而细。

青色　以白色为基色，从淡青到闪绿。颜色不如白玉惹人喜爱，质量比白玉低，目前很少应用，但产量大。

黄色　由淡黄到深黄到黄闪绿色，其名称有蜜蜡黄、栗色黄、秋葵黄、黄花黄、鸡油黄、米黄色、黄杨黄等。罕见者为蒸栗黄、蜜蜡黄。黄玉之色多淡，少见色浓者，因此色浓重者极贵重。优质的黄玉不次于羊脂白玉。

黑色　由黑色到淡黑色，其黑色或为点状，或为云状，或为纯黑色，其名称有乌云片、淡墨色、金貂须、美人鬓、纯漆黑等。在整块料中，墨色的程度有强有弱，深浅分布均有差别。墨玉的黑色是含有微鳞片状石墨引起的。

糖色　颜色似红糖色，故称糖玉。糖玉往往和白玉或青白玉呈渐变过渡关系，其糖玉部位中的透闪石晶体呈细长柱状。在细长柱状透闪石之间

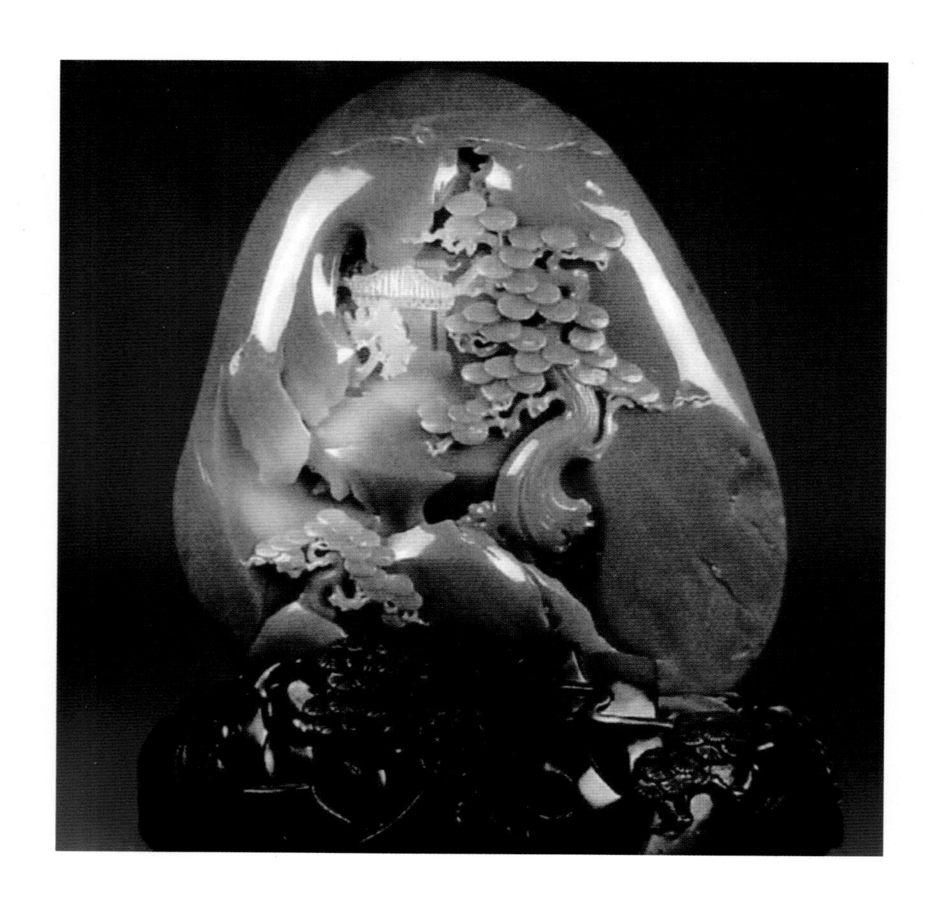

糖玉

分布有褐铁矿，说明糖色是因为氧化铁污染透闪石而形成的。

血红色的糖玉最佳。糖玉的厚薄不一，薄的仅 0.1 毫米 ~ 0.3 毫米，厚的达 20 余厘米。工艺师巧妙地利用糖玉和白玉的过渡关系形成双色原料，雕成各种俏色工艺品。

绿色 碧玉有暗绿色、深绿色或墨绿色，质量好者要求颜色纯正。深绿色要比暗绿色好，最忌绿色中含闪灰。有的碧玉中见有黑斑、黑点、黑墨和玉筋，其质量则降低。碧玉属于中档玉石，现在天山出产的玉石多为碧玉。

碧玉

除基本色外，和田玉中还有各种过渡色和多种皮色，如枣红色、秋梨色、黑皮色等。

2. 质地

质地系指和田玉矿物组分结构细致密程度，即矿物组分结晶的微细程度，一般要求细腻、纯净、无杂质、无“性”。和田玉的主要矿物为透闪石微细晶体，呈绒毛状、毡状、纤维状，它们均匀地交织在一起。和田玉中若含有变斑晶体或有其他矿物掺入，则会改变玉石的质地特征，显示出粗糙不舒感。如果有杂质矿物呈包裹状掺杂在玉石里，表现明显的称为“石”或“石花”，表现不明显的称为“性”。这些“性”的产生是由于杂质矿物结晶颗粒形状的多种多样。这些“性”和玉石的结构是不同的。例如，昆仑山中某些和田玉包裹有斜黝帘石变斑晶，在天山碧玉中则分布有菊花状变斑状粗粒透闪石，这些都是影响和田玉质量的因素。

（1）玉的组织结构特征

通过偏光显微镜的观察，可将各种和田玉、碧玉的组织结构特征加以叙述。

羊脂玉 为纤维变晶交织结构或毛毡状结构，其透闪石含量99%以上，有的含有微量磷灰石、磁铁矿、榍石和黑云母等。这种羊脂玉质地细腻，质量好。

白玉由长柱状透闪石集合体组成，伴生矿物有磷灰石、磁铁矿、榍石、黑云母。

青玉 具有变斑状纤维蒿状变晶结构，局部为毛毡状结构、放射束状结构，有的还残留有变余花岗变晶结构，保留有原大理岩的残余结构，从而可知青玉质地不如白玉细腻。青玉的矿物组分中透闪石含量为93%～95%，其伴生矿物有斜黝帘石变斑晶、单斜绿泥石、磷灰石、磁铁矿、白钛石等。由于青玉中含有这些杂质矿物，因而显示出变质不彻底的现象。

青白玉 是白玉和青玉的过渡类型，其质地不如白玉细腻，但要比青玉好一些。在偏光显微镜下观察，发现有些青白玉亦显示残余花岗变晶结构，但被粒度较大的透闪石替代，其组构不均匀，并有晚期微脉透闪石穿插，说明青白玉的质地处于过渡类型。

碧玉 为纤维蒿状结构，呈放射状杂乱聚斑状，有的呈现菊花状，而在均匀部位则显示纤维状、毛毡状。碧玉的矿物组成以透闪石为主，含量为96%～98%；如果其中伴有较粗大的透闪石晶体，则显示杂乱放射状排列。伴生矿物有铬尖晶石和钙铬榴石，钙铬榴石生长于铬尖晶石外围；另外还有针镍矿、磁铁矿、磁黄铁矿、铬绿泥石集合体等，它们呈星散状分布于碧玉中，构成斑点状嵌入；在毡状透闪石集合体中还含有混浊不清的白钛石。因此，碧玉的质地远不如白玉细腻。

（2）玉质的鉴别

玉质主要从裂纹、硬度和韧性、光泽、透明度、密度等物理性质来判断。

裂纹 工艺上称“绺”，对玉的质量影响很大。古时称绺裂为“玉病”，影响玉的价值。玉的裂纹很容易发现。裂纹有深有浅，有大有小。绺有专用名称，如“碰头绺”就是断裂纹，“胎绺”是不太严重的炸心纹，“抱洼绺”即破碎纹。玉的自然裂纹是受自然力冲击、受冷、受热及压力等因素而形成的。裂纹强度与玉石的韧性、脆性等性质有密切关系。一般说来，韧性玉石自然裂纹少，脆性玉石自然裂纹多。有的羊脂玉在偏光显微镜下方可看到显微裂纹，这些微纹并不影响工艺加工；有的白玉微纹裂隙间充填有泥状白钛石，这不是好的征兆。总之，许多和田玉，如青白玉、青玉和碧玉等玉石在偏光显微镜下或多或少地都可以发现显微裂纹。裂纹在玉器加工选料时应尽量避开，在开采玉石时，可采取一些预防措施，以保护玉石不受外力的破坏。

硬度和韧性 和田玉是耐磨的材料，硬度较大。经测定，白玉的显微硬度为 6.7，青白玉的显微硬度为 6.6，青玉的显微硬度为 6.5。

光泽 光泽是和田玉对入射光的反射能力。新疆和田玉为油脂光泽，有时为蜡状光泽，并且具有滋润感。所谓滋润感是指光泽柔和，不强不弱，给人以舒服感。玉石的质地和硬度对光泽的影响很大：质细而硬，其光泽必强；质糙而软，其光泽则弱。玉石抛光后的光亮程度称为光洁度。光洁度越高，其亮度则表现越高。亮度高称为硬亮，发强闪光；亮度低称胶亮，发弱闪光。检验玉石质量的好坏，要看玉石抛光后的效果：亮度高且均匀就好，亮度低或者有光不亮的道道、点点、块块，就应考虑这种玉石是否有利用的价值。

透明度 透明度是指和田玉允许可见光透过的程度。鉴定和田玉的透明度是以 2 毫米厚的和田玉透光程度为标准。按此标准，新疆和田玉属半透明和不透明体。玉石透明度的好坏，是选择玉料的依据之一。一般质细、色美、半透明者，就是好玉；反之，就不是好玉。在玉雕行业中把透明度称为“水头”“灵地”。透明度好者称“水头足”“地子灵”或“灵坑”，透明度差者称“没水头”“地子死”或“闷坑”。前者说明料好，后者说明质地差，所以玉石透明度的确定很重要。

大部分玉石都要求有透明感，玉石颜色的深浅对透明度影响很大：颜色深则透明度减低，颜色浅则透明度提高。

密度 玉石的密度是玉石单位体积的重量。经测定，白玉的密度为2.922克/立方厘米，青白玉的密度为2.976克/立方厘米，碧玉的密度为3.006克/立方厘米，墨玉的密度为2.95克/立方厘米~3.1克/立方厘米。可以看出，白玉体重相对比较低，系含铁质较少；碧玉含铁质杂质较高，其体重也相对较大；墨玉体重变化范围大是因为其玉石中石墨含量变化所致。

块度和重量 玉的块度大小不一，最大直径可达1米以上。辨别玉石的价值除颜色、质地、裂纹和杂质等重要指标之外，块度和重量也很重要。一般认为白籽玉特级块重在8千克以上，一级为3千克以上，二级为1千克以上。碧玉特级块重在40千克以上，一级为8千克以上，二级为4千克以上。1980年，在昆仑山发现一块特级白玉，长82厘米，宽80厘米，厚36厘米，为方形，重达550千克，比历史上已知的最大的一块和田白玉还重350千克。近年来开采出的和田白玉百千克以上者已不罕见。被加工为《华夏雄风图》的白玉山流水料，长135厘米，宽88厘米，高48厘米，重约1400千克。

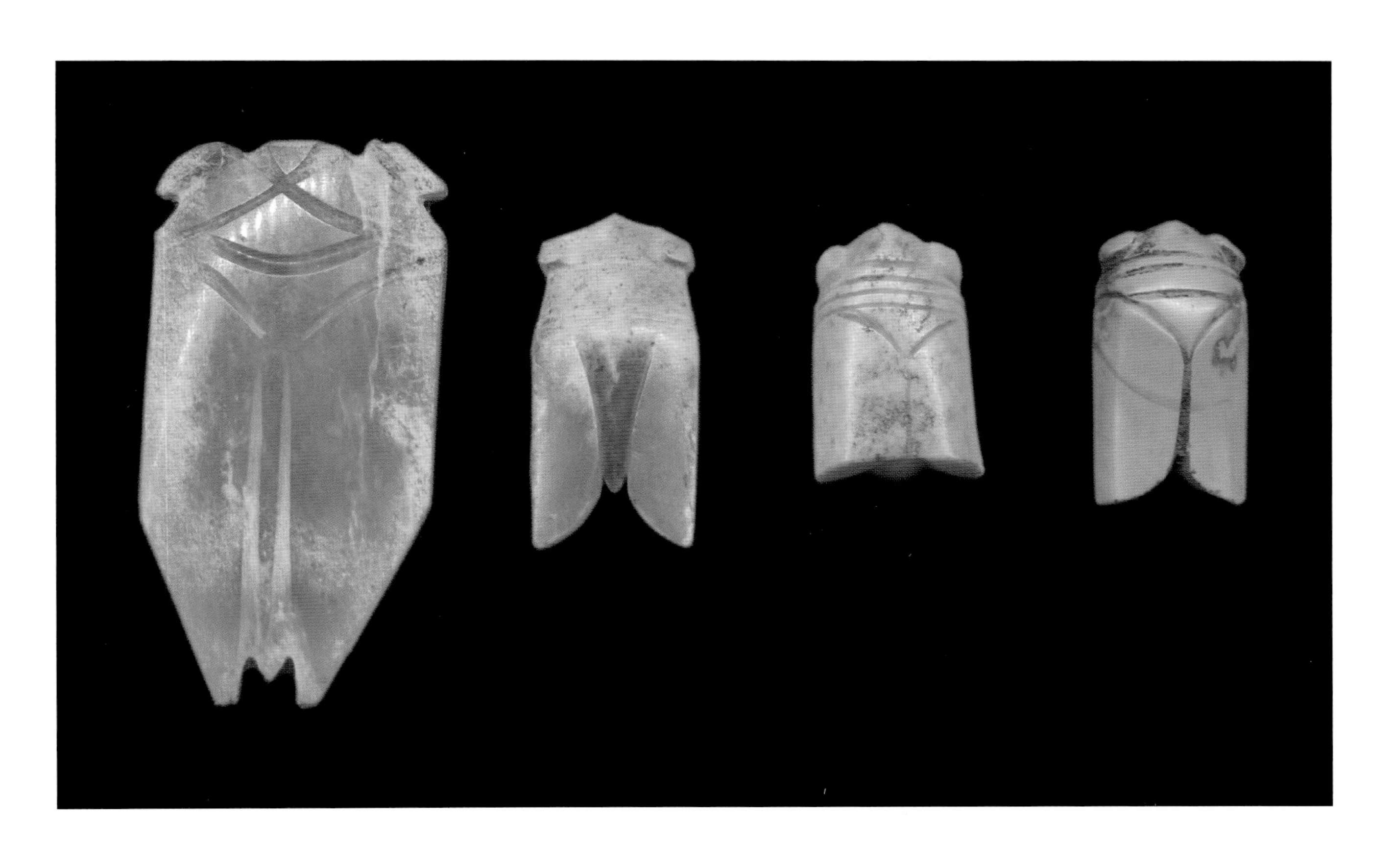

玉蝉琀（一组） 现存英国伦敦大英博物馆

第五章　图　版

DIWUZHANG TUBAN

中国古代玉器从新石器时期至明清时期，历经了8000年的文化传承和发展，最终形成了深厚的玉文化底蕴。玉器不仅仅是作为艺术品流传于世，还深深融合在了中国传统文化和礼俗之中，具有极高的玩赏、鉴赏和收藏价值。

微信扫码

发现西域玉石

品阅艺术魅力

玉圭
长 13.3 厘米，宽 5.9 厘米，厚 0.57 厘米
故宫博物院藏

玉圭（正面）

玉圭
长 13.8 厘米，宽 4.6 厘米，厚 0.5 厘米
故宫博物院藏

玉器 商代 河南省安阳市殷墟妇好墓出土

玉羊　商代　河南省安阳市殷墟妇好墓出土

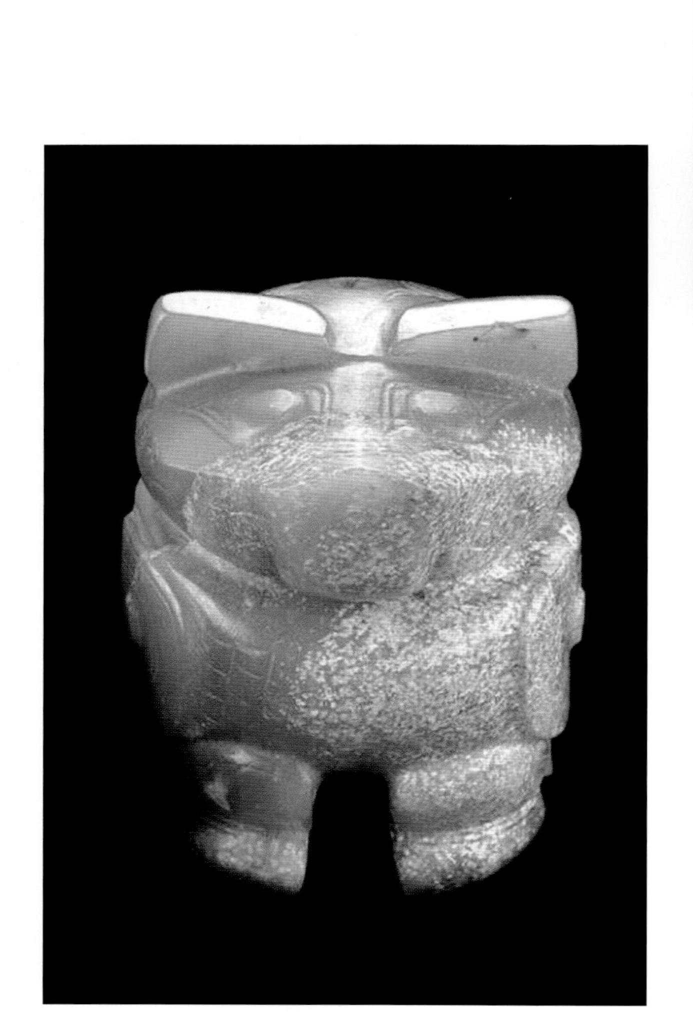

玉猪　商代　河南省安阳市殷墟妇好墓出土

带翼玉兽挂件

带翼玉兽挂件（背面）

有翼鹿踏兽双联玉杯

刘胜金缕玉衣　汉代　河北省满城县汉墓出土

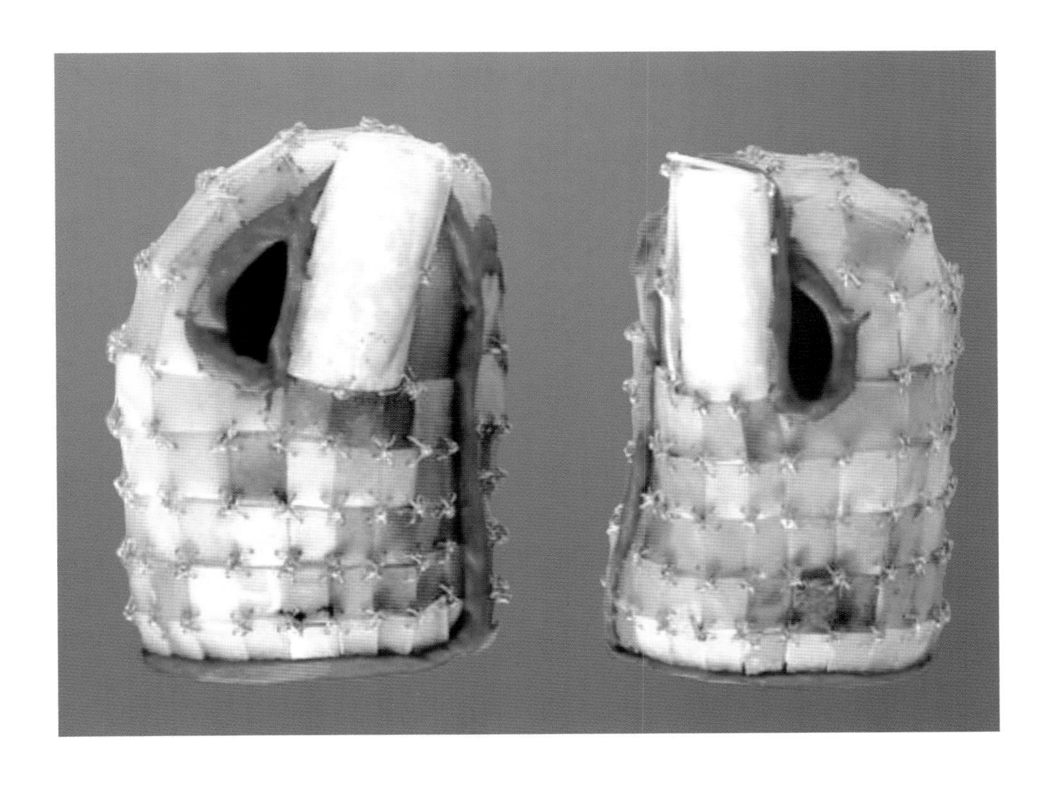

金缕玉衣(局部一)

金缕玉衣（局部二）

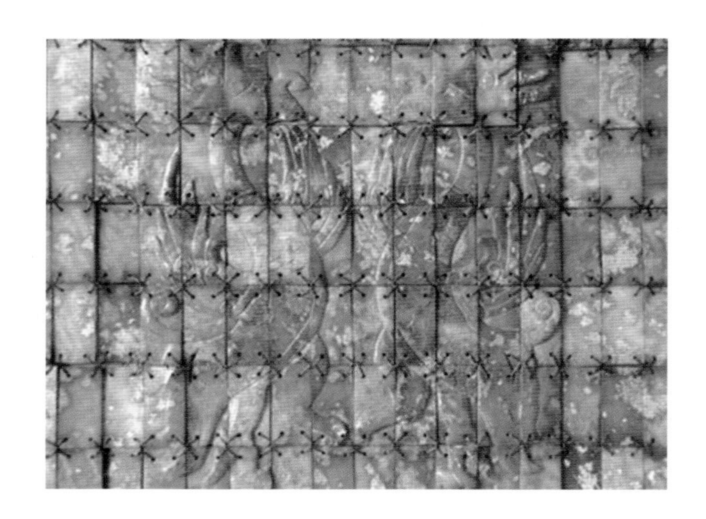

金缕玉衣（局部三）

金缕玉衣（全身）

玉璧

牛形饰纹玉摆件

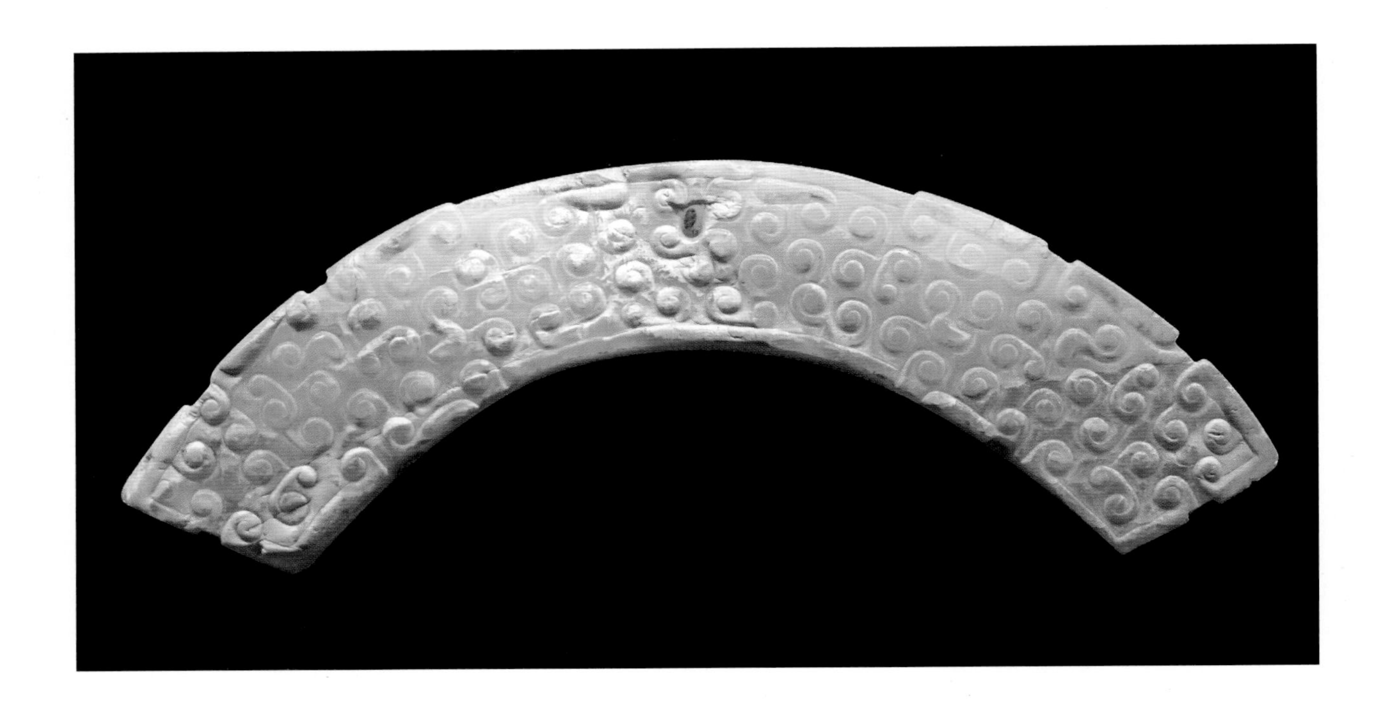

玉纹璜　现存英国伦敦大英博物馆

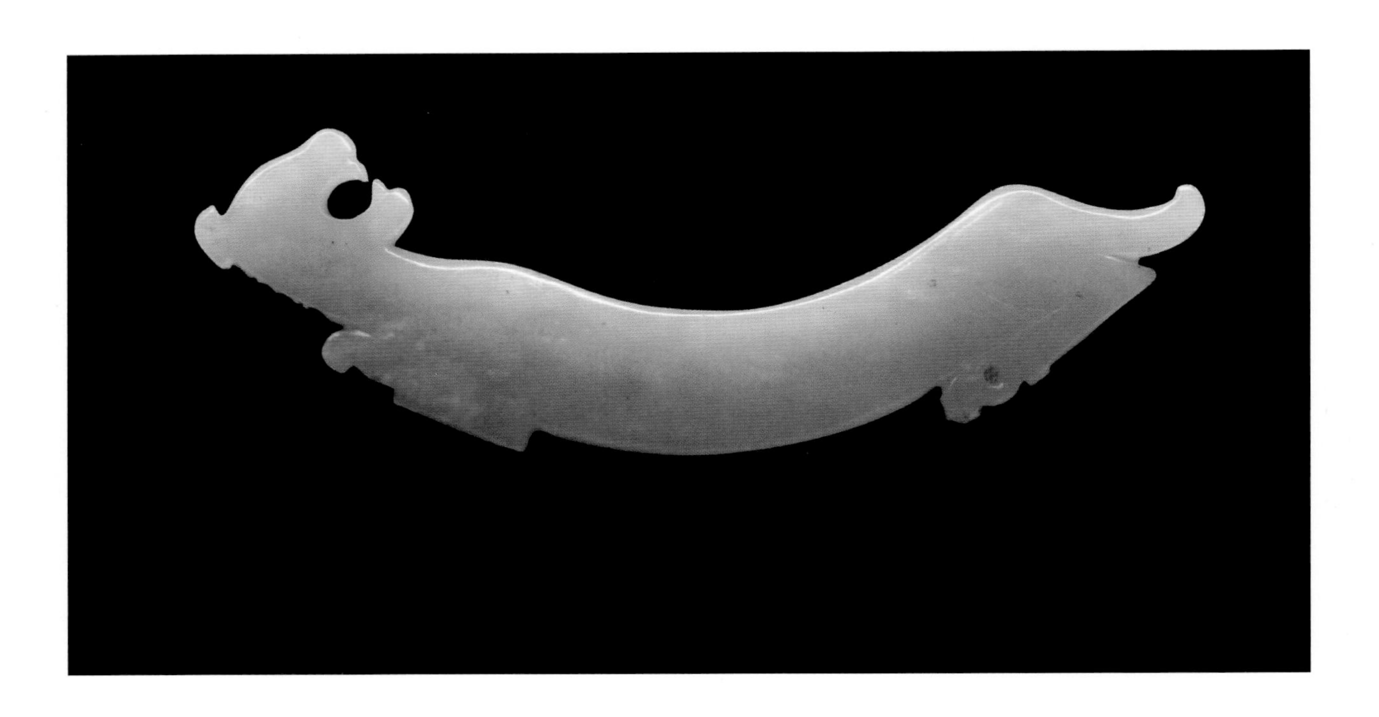

玉虎形璜　汉代　现存英国伦敦大英博物馆

双龙归海玉挂件 现存英国伦敦大英博物馆

玉龙 现存英国伦敦大英博物馆

环形莲纹饰龙玉带扣　现存英国伦敦大英博物馆

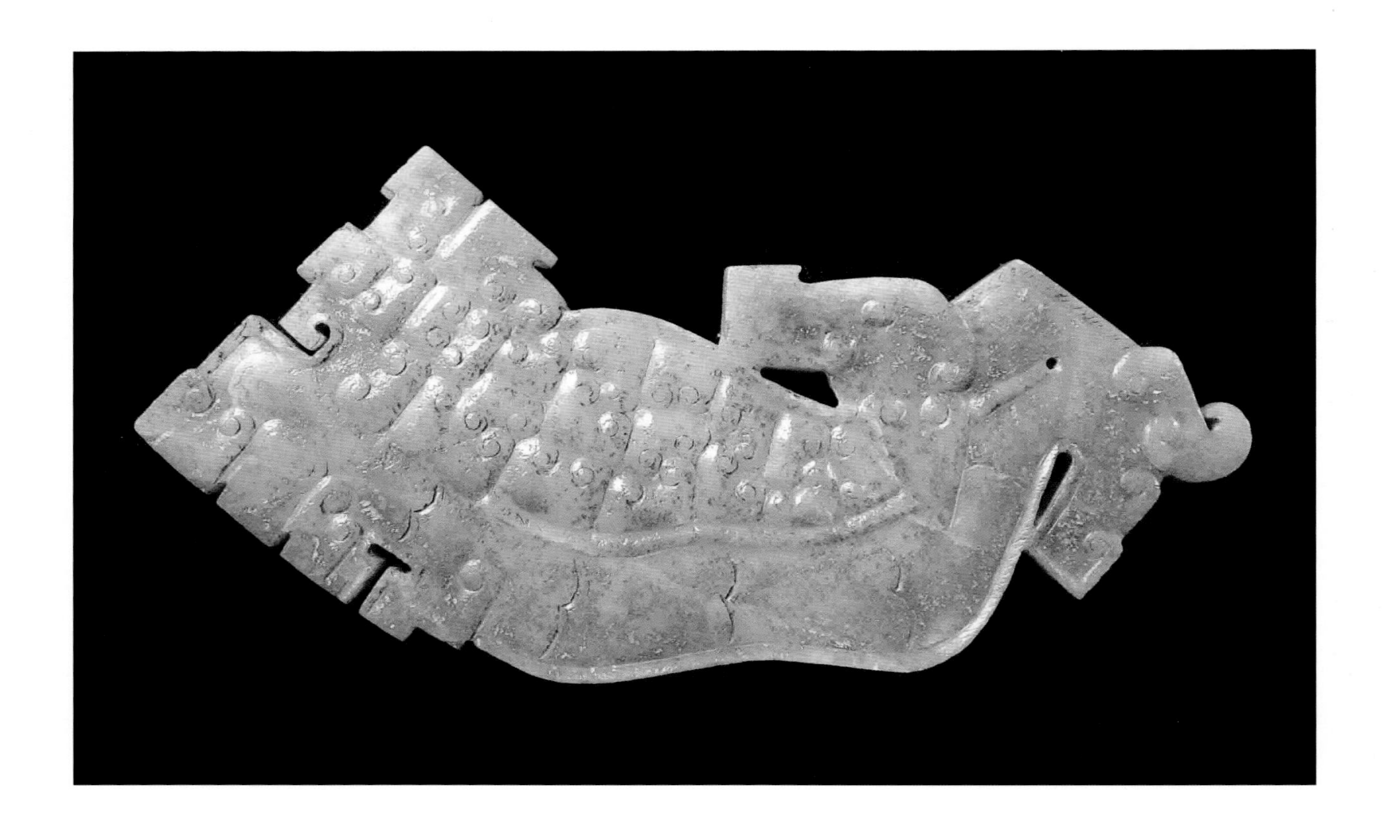

龙纹璜形玉佩　汉代　现存英国伦敦大英博物馆

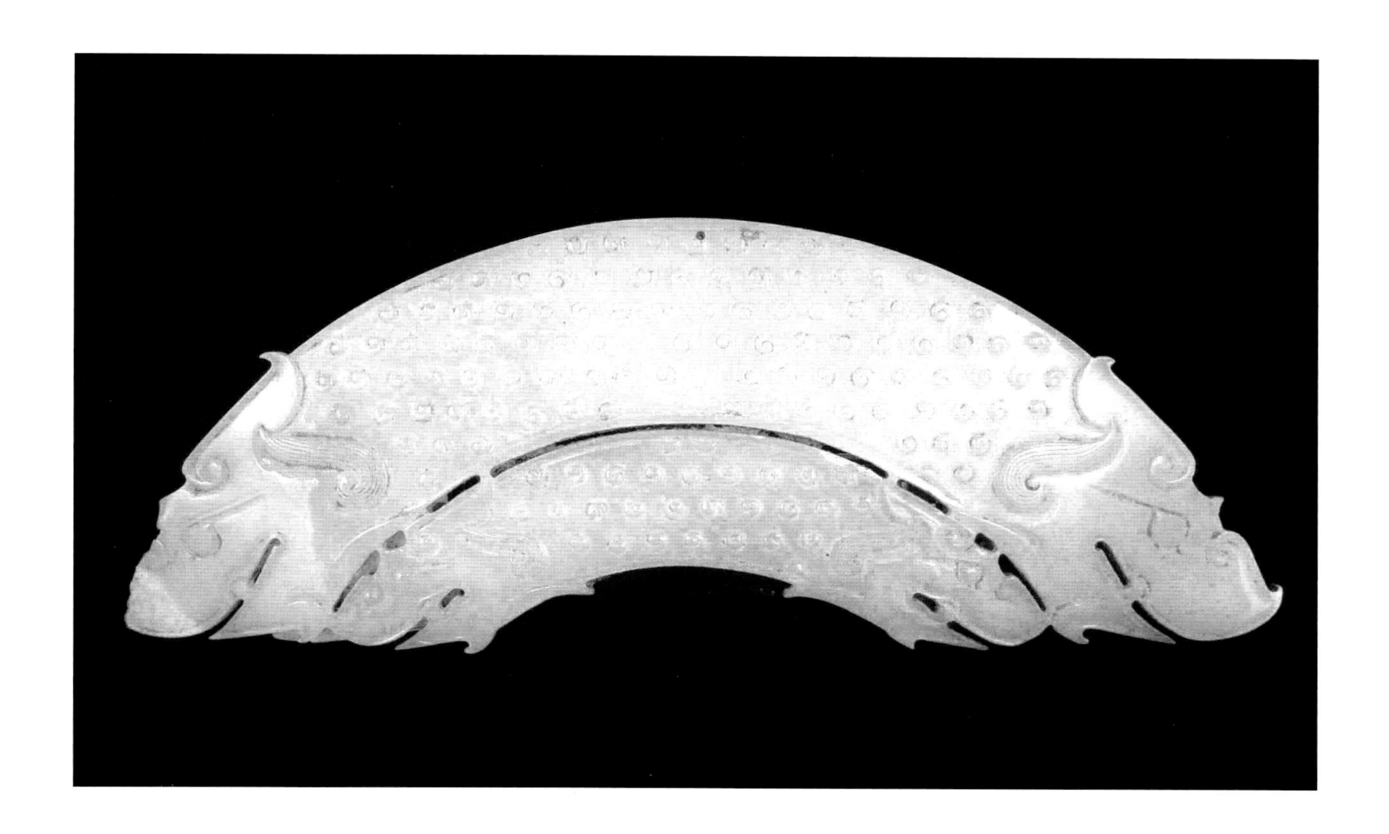

双龙形玉璜 汉代

玉鱼 河南省安阳市殷墟妇好墓出土。长10.6厘米，厚0.2厘米，浅绿色，有褐色沁斑

玉器　汉代

玉龙佩 汉代

玉器　汉代

站立玉人 商代 河南省安阳市殷墟妇好墓出土

龙耳饰纹玉杯　汉代

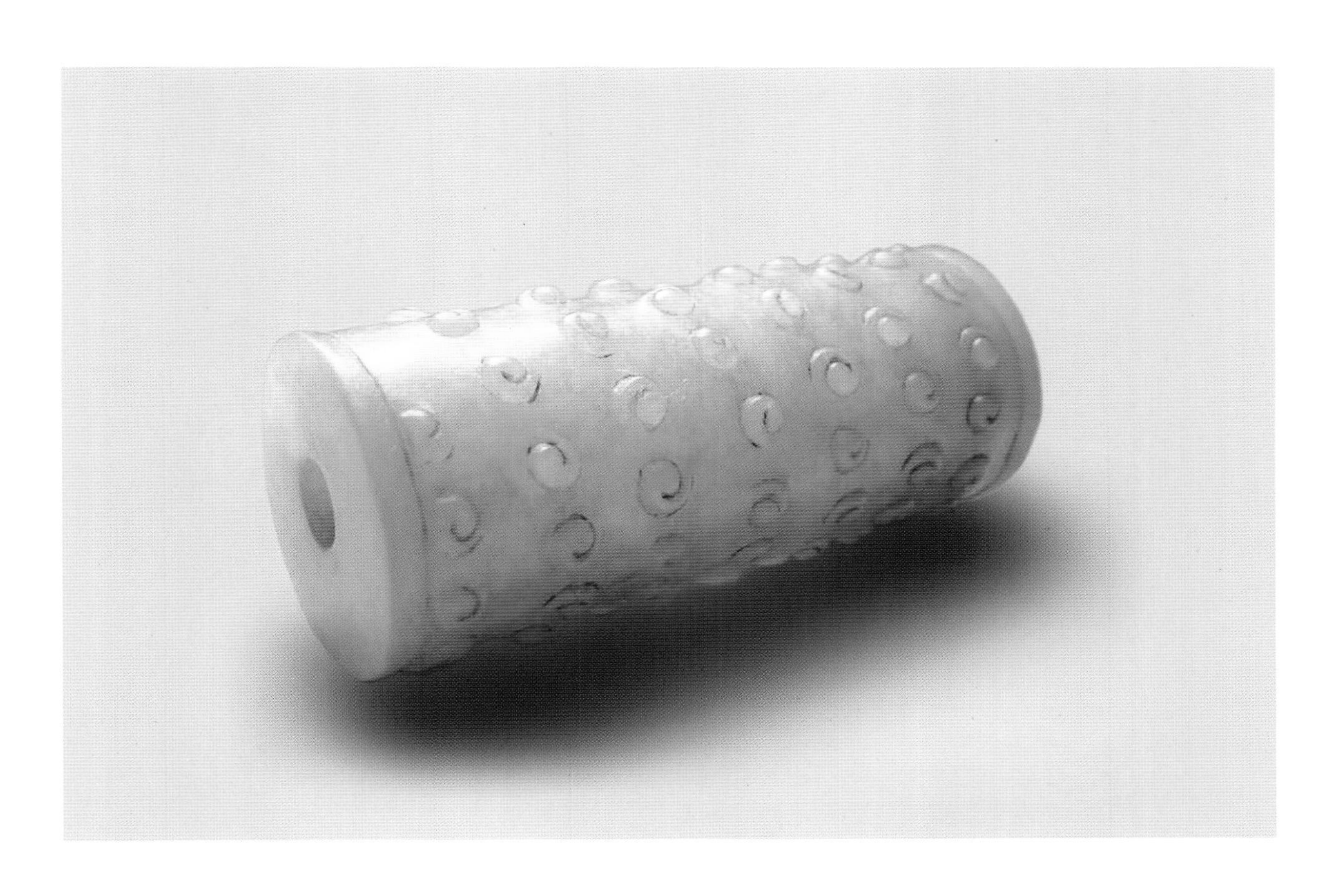

白玉螭凤纹玉佩　汉代

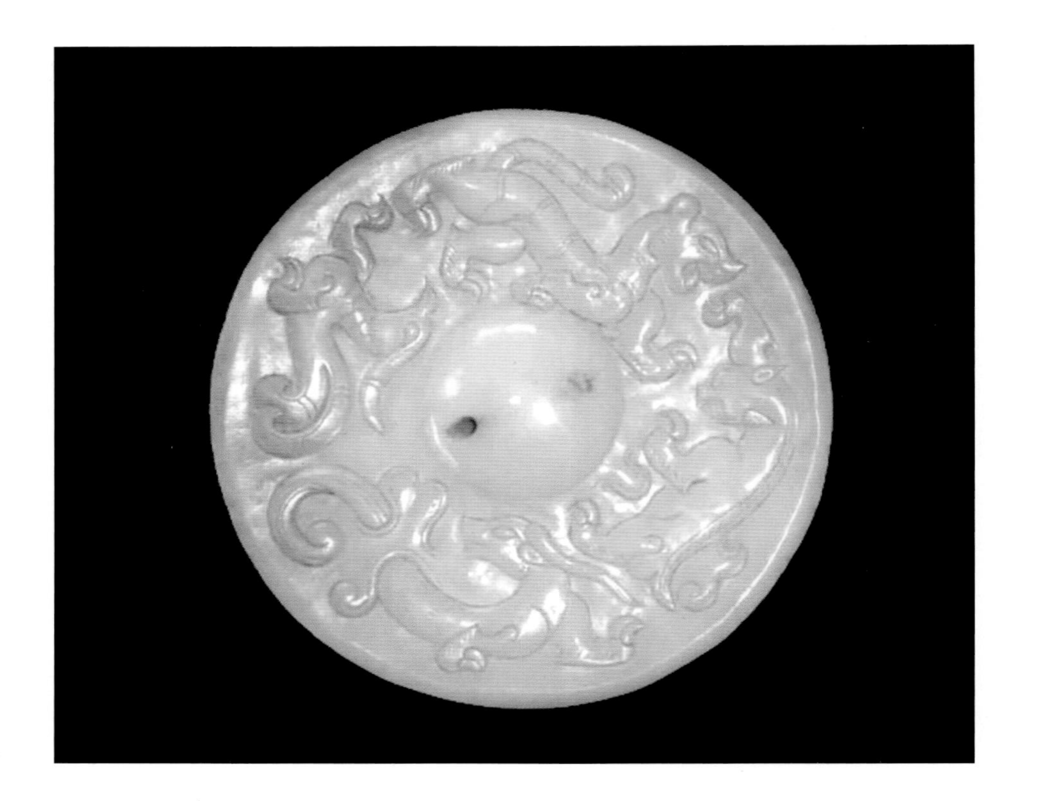

瑞兽形纹玉器

刻字玉件

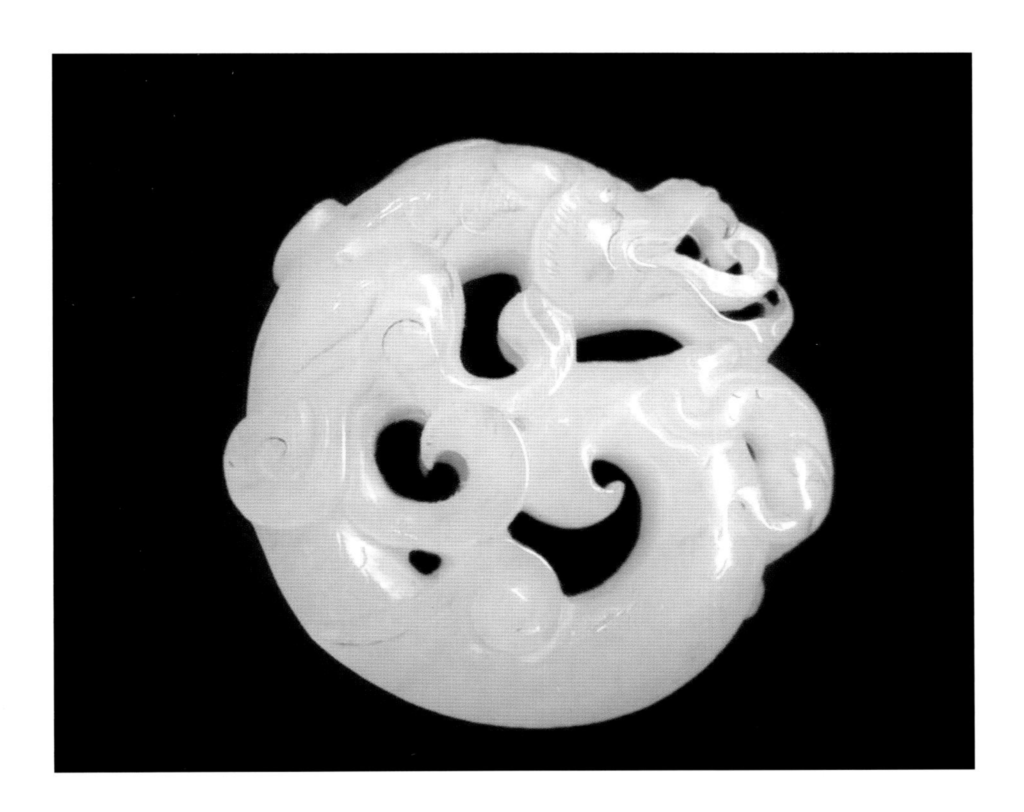

龙形缀吾腰（一） 汉代

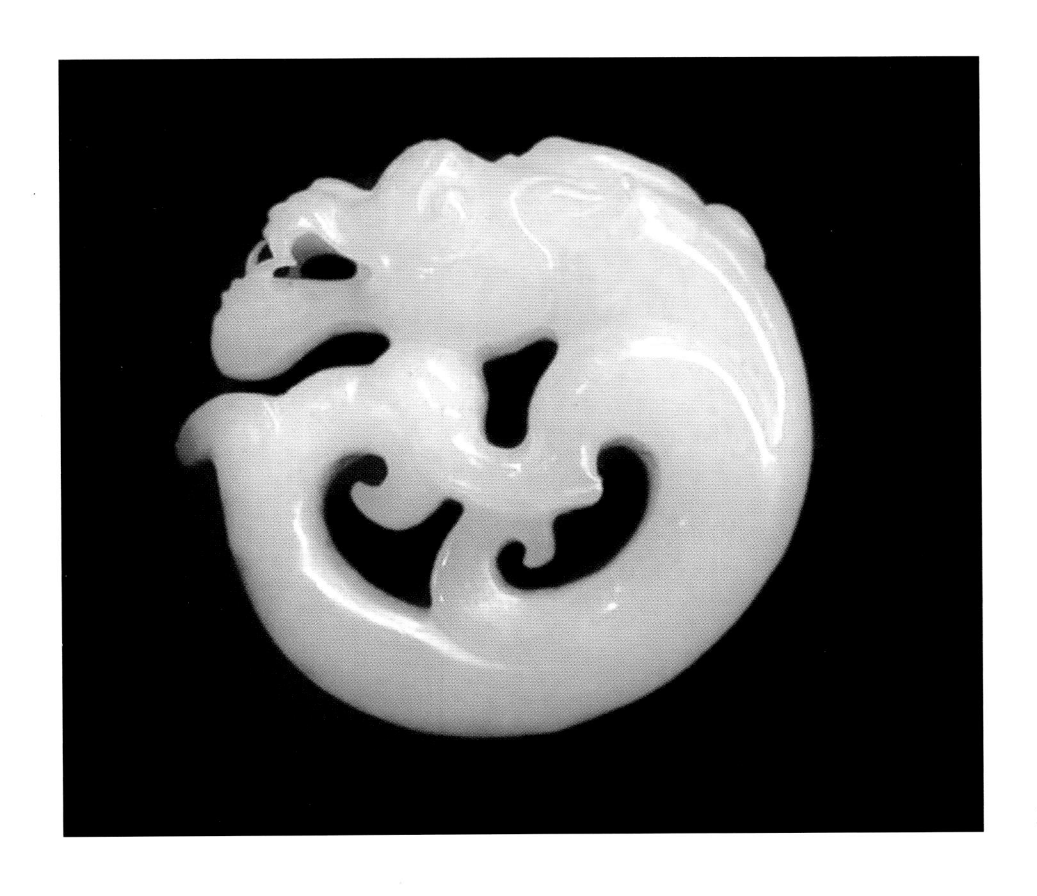

龙形缀吾腰（二） 汉代

裸胸玉妇人

三龙玉佩

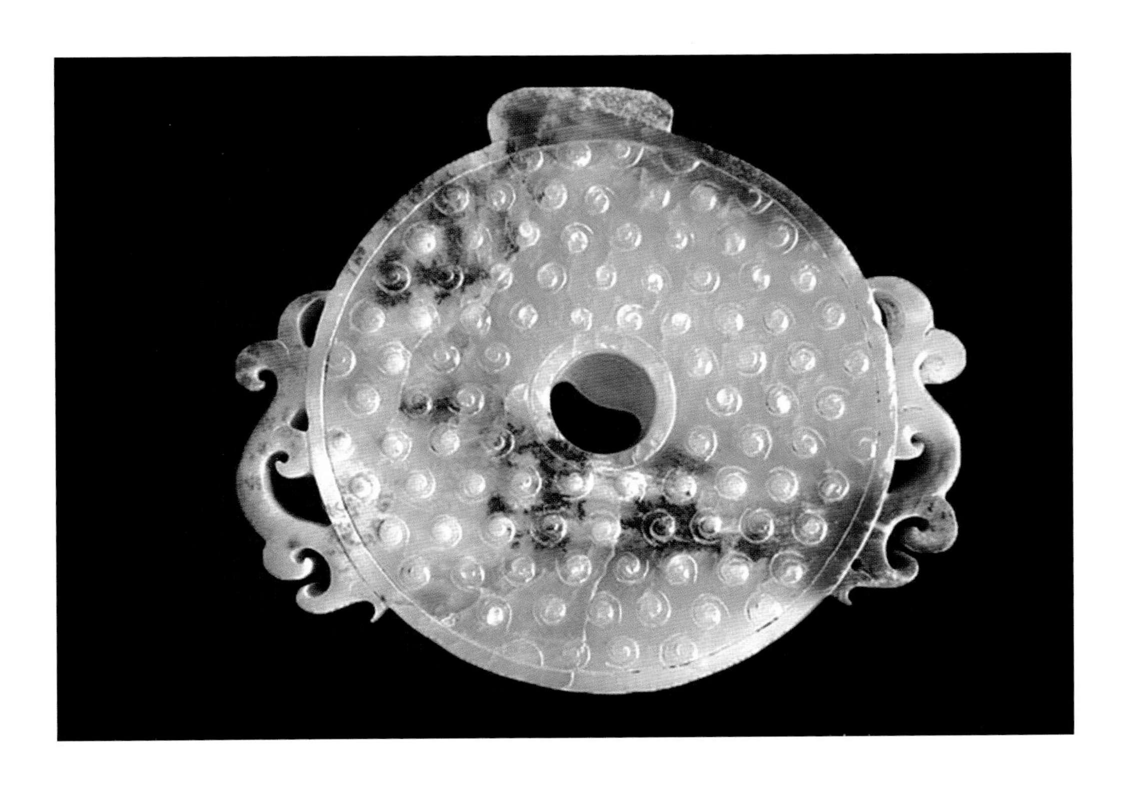

双龙青玉璧

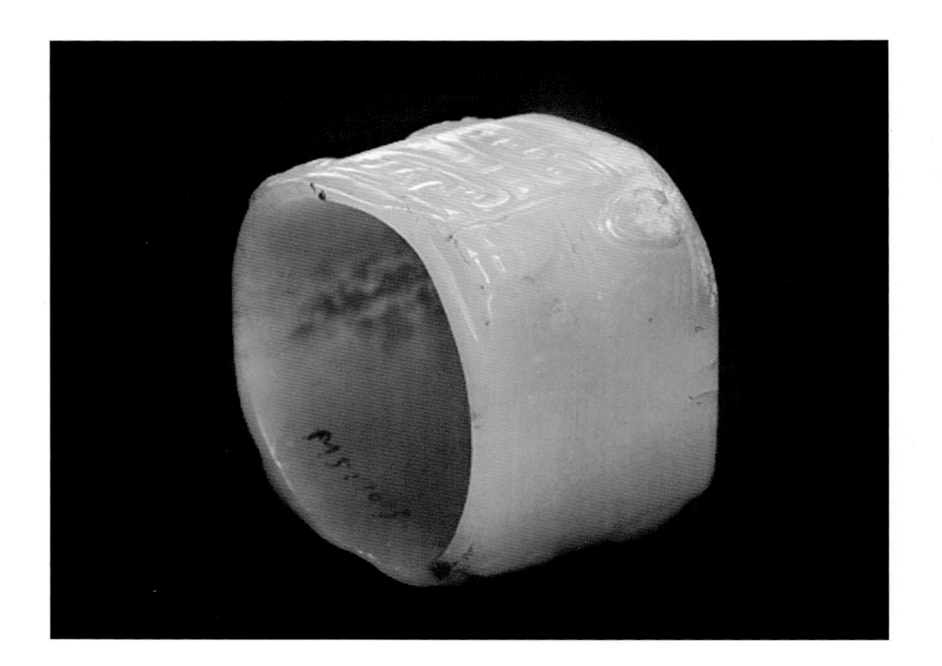

玉扳指

玉戒指（一）

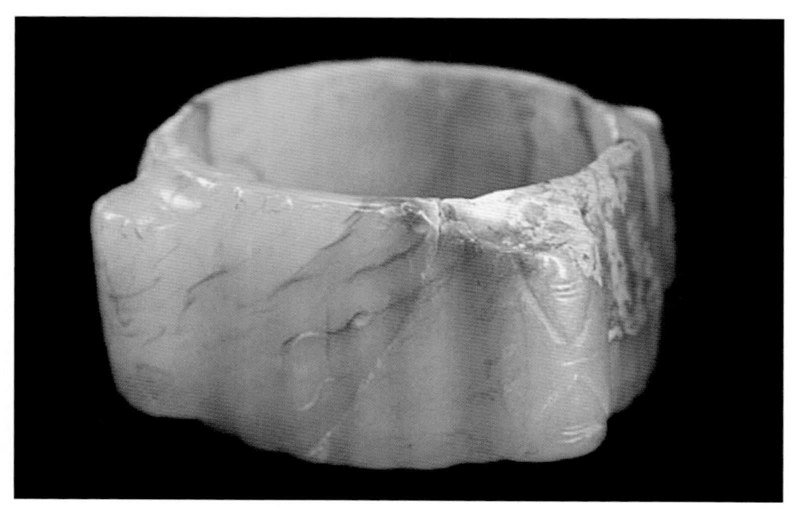

玉戒指（二）

玉貔貅 汉代

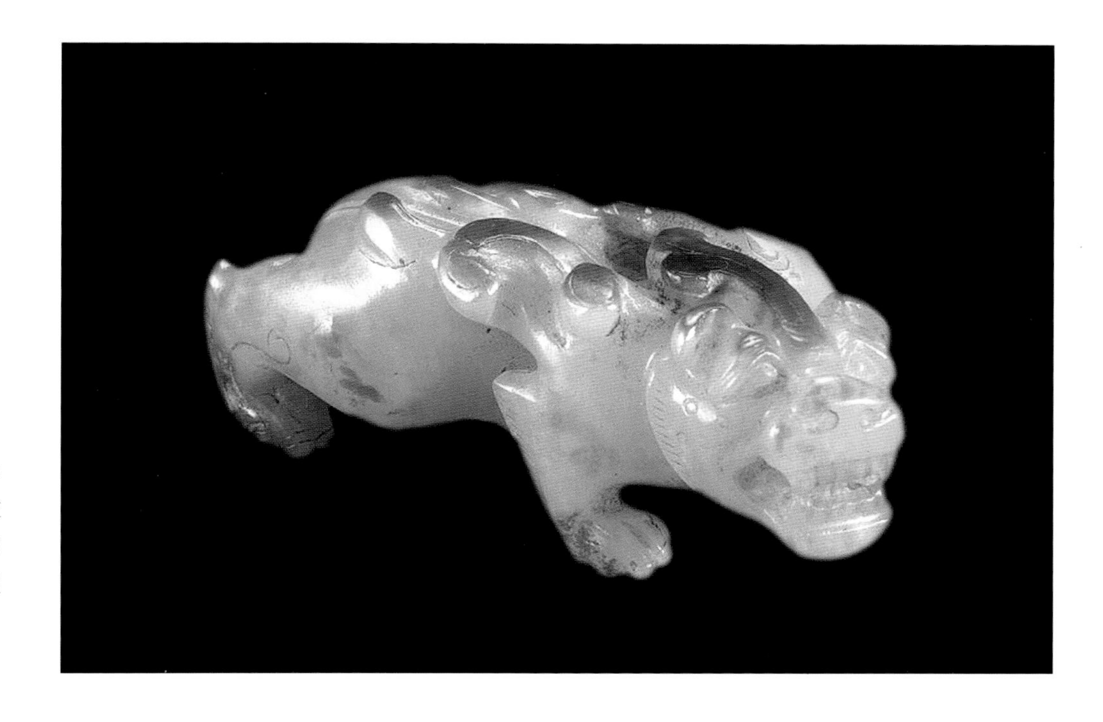

狮形玉辟邪 汉代
陕西省咸阳市渭陵遗址出土。和田白玉质，高 2.5 厘米，长 5.8 厘米，重 49.5 克，圆雕

抚琴玉妇　汉代

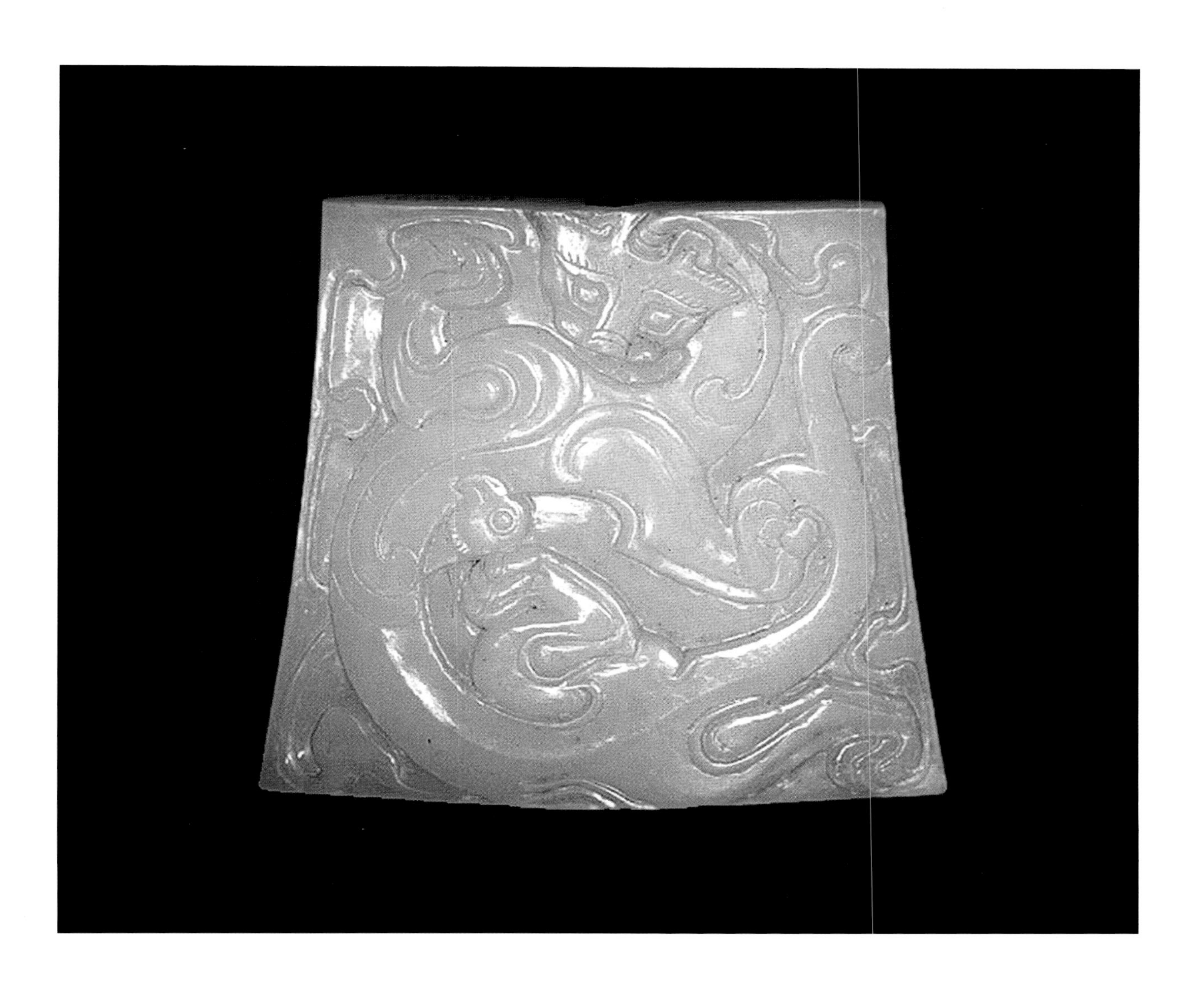

兽纹玉斧 汉代

双龙玉佩

象首鸟身玉器　商代
河南省安阳市殷墟妇好墓出土

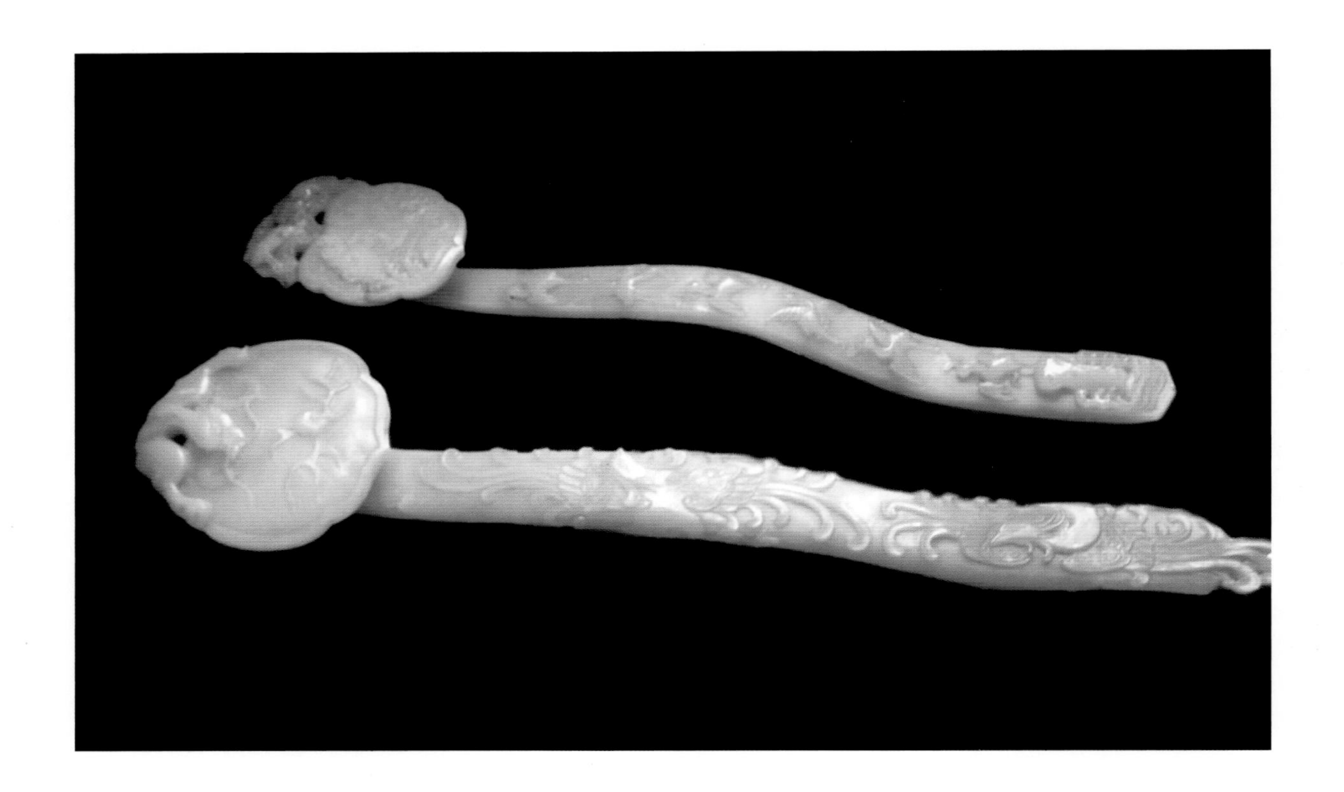

青玉如意

人饲鸟兽角形玉杯

龙纹玉玦　汉代

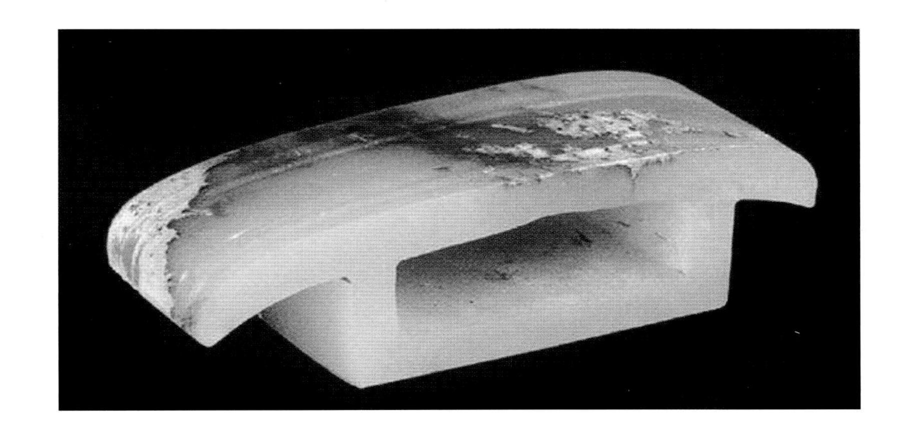

白玉剑珌

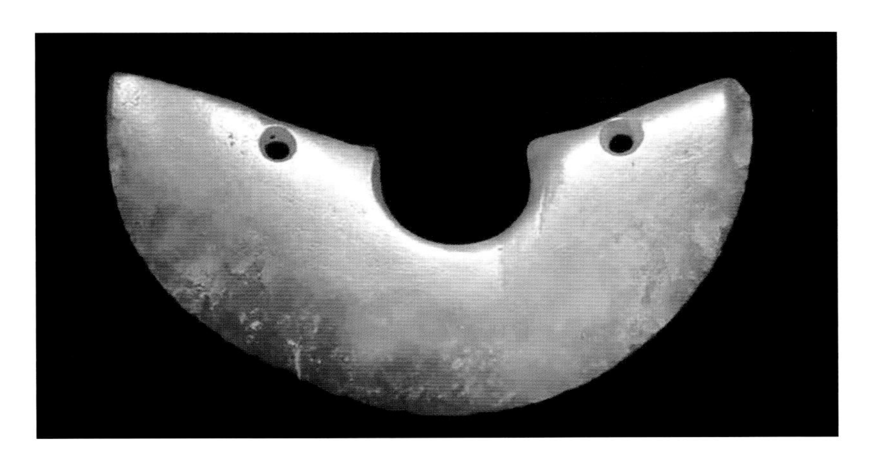

玉挂件

云纹玉碟

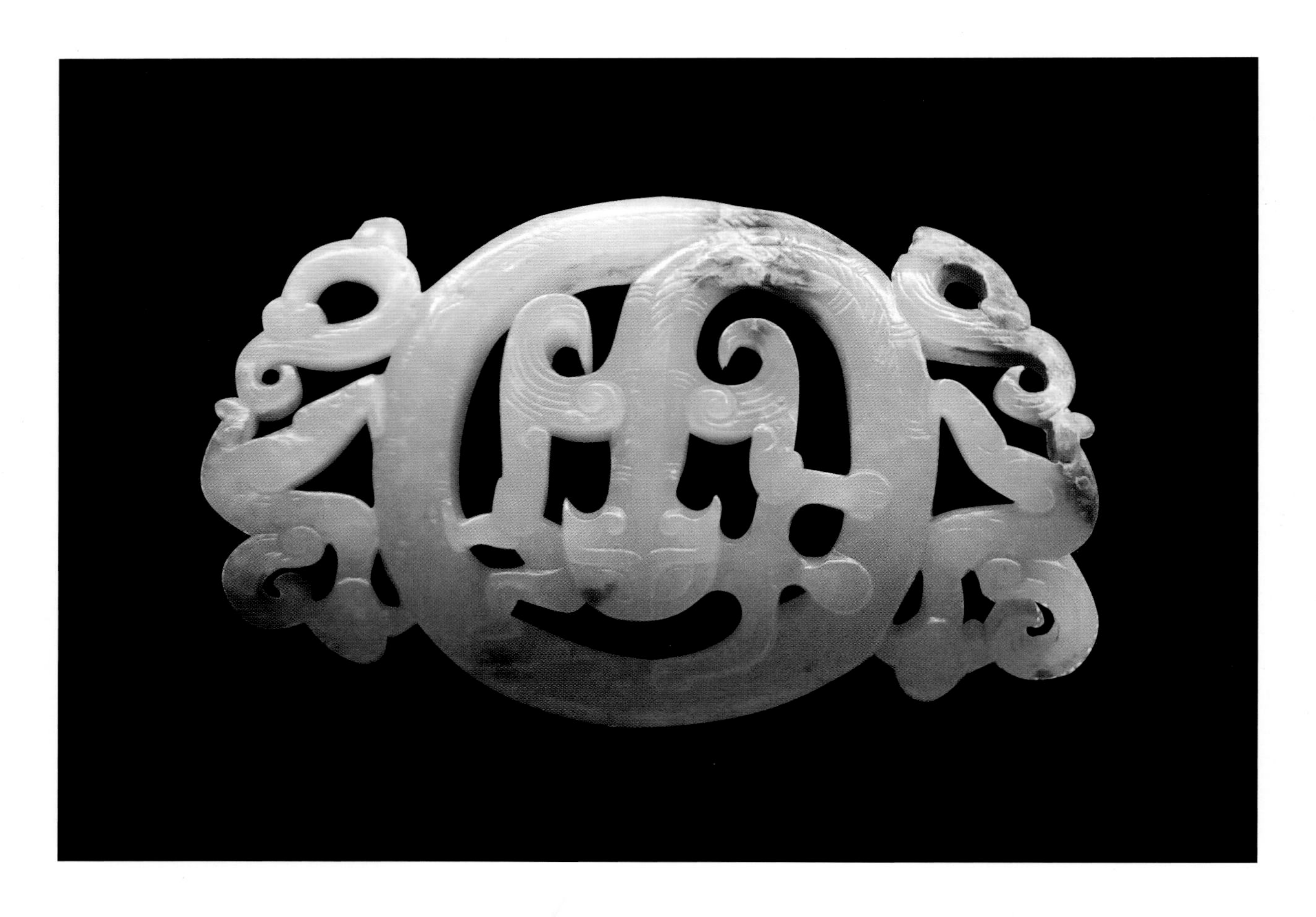

玉龙佩　汉代　现存英国伦敦大英博物馆

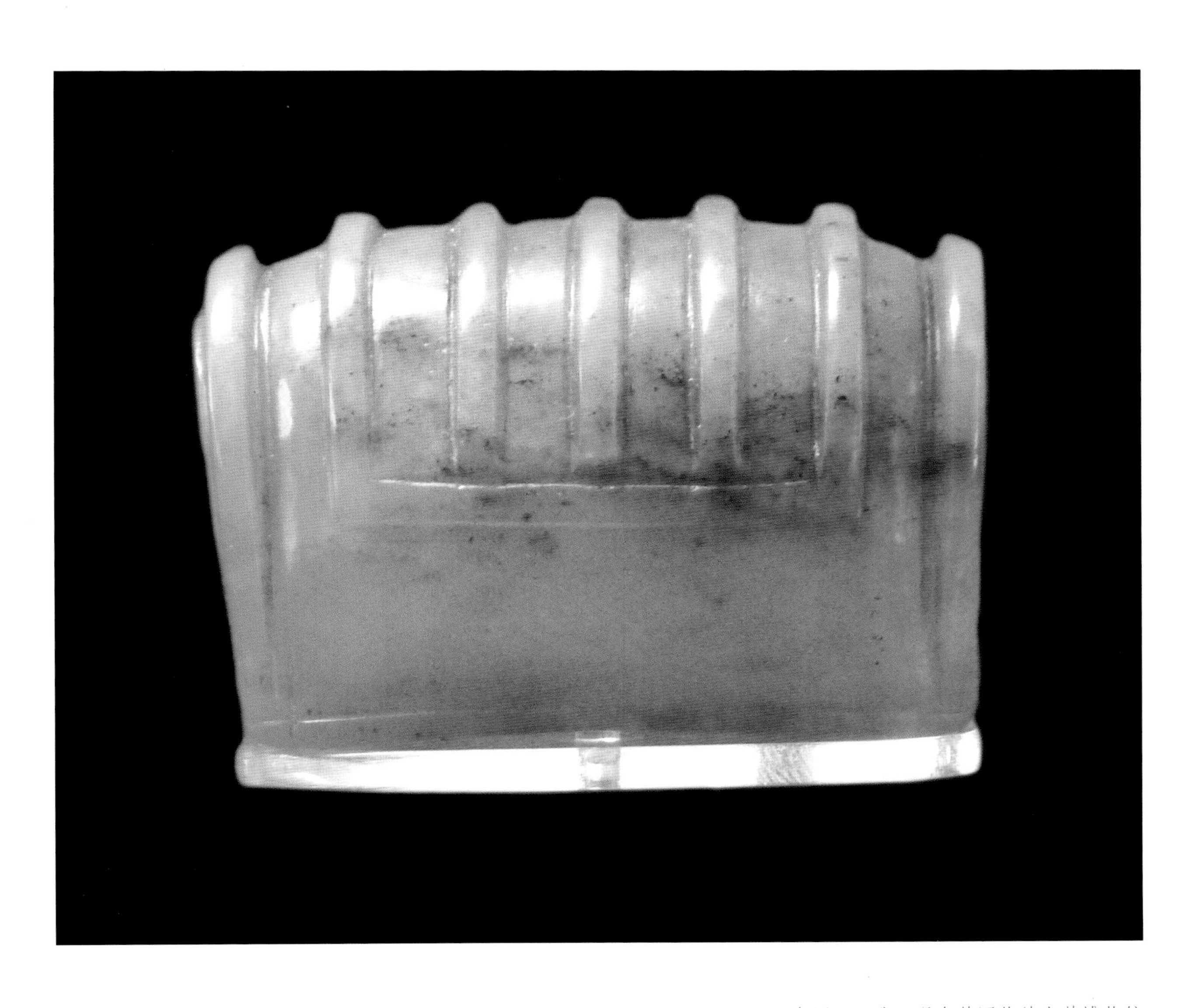

玉发冠 汉代 现存英国伦敦大英博物馆

玉器　汉代

青玉天马　汉代
高 4.2 厘米，长 7.8 厘米，宽 2.6 厘米
故宫博物院藏

玉刀（一）

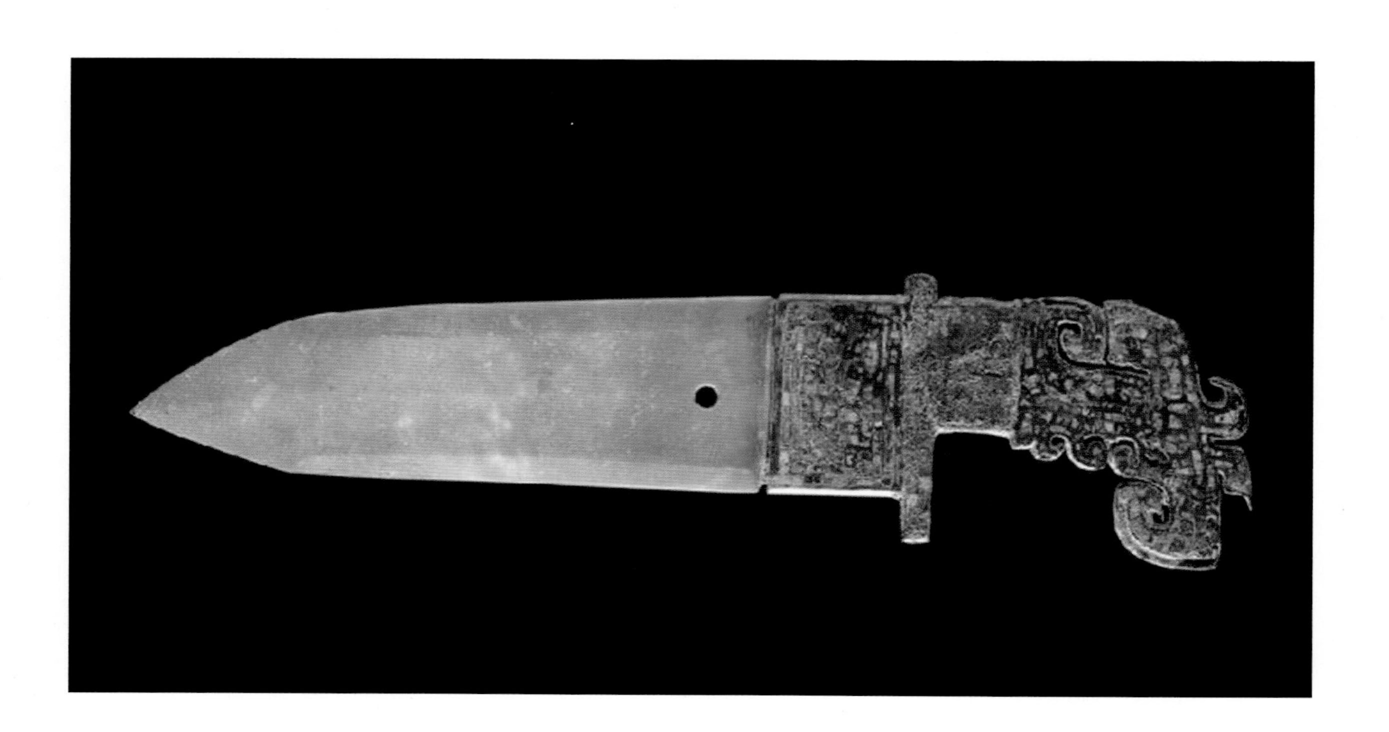

玉刀（二）

蹀躞带扣 王涛藏

蹀躞带扣（侧面）

蹀躞带扣（背面）

青玉多曲长杯　唐代
高4.3厘米，宽11.2厘米，长17.6厘米
故宫博物院藏

青玉骑象男子 唐代
高5.5厘米，宽7.3厘米，厚2.8厘米
故宫博物院藏

玉礼乐立人耳纹杯　唐代
高 7 厘米，长 14.5 厘米，口径 10.9 厘米，足径 4.5 厘米
故宫博物院藏

玉礼乐立人耳纹杯“耳”（特写）

玉礼乐立人耳纹杯纹样拓片

白玉胡人（一） 唐代
长6.6厘米，宽6厘米，厚0.7厘米
故宫博物院藏

白玉胡人（二） 唐代
长6.6厘米，宽6厘米，厚0.7厘米
故宫博物院藏

玉莲瓣纹杯　唐代
高 4.6 厘米， 长 7.1 厘米，足径 4 厘米
故宫博物院藏

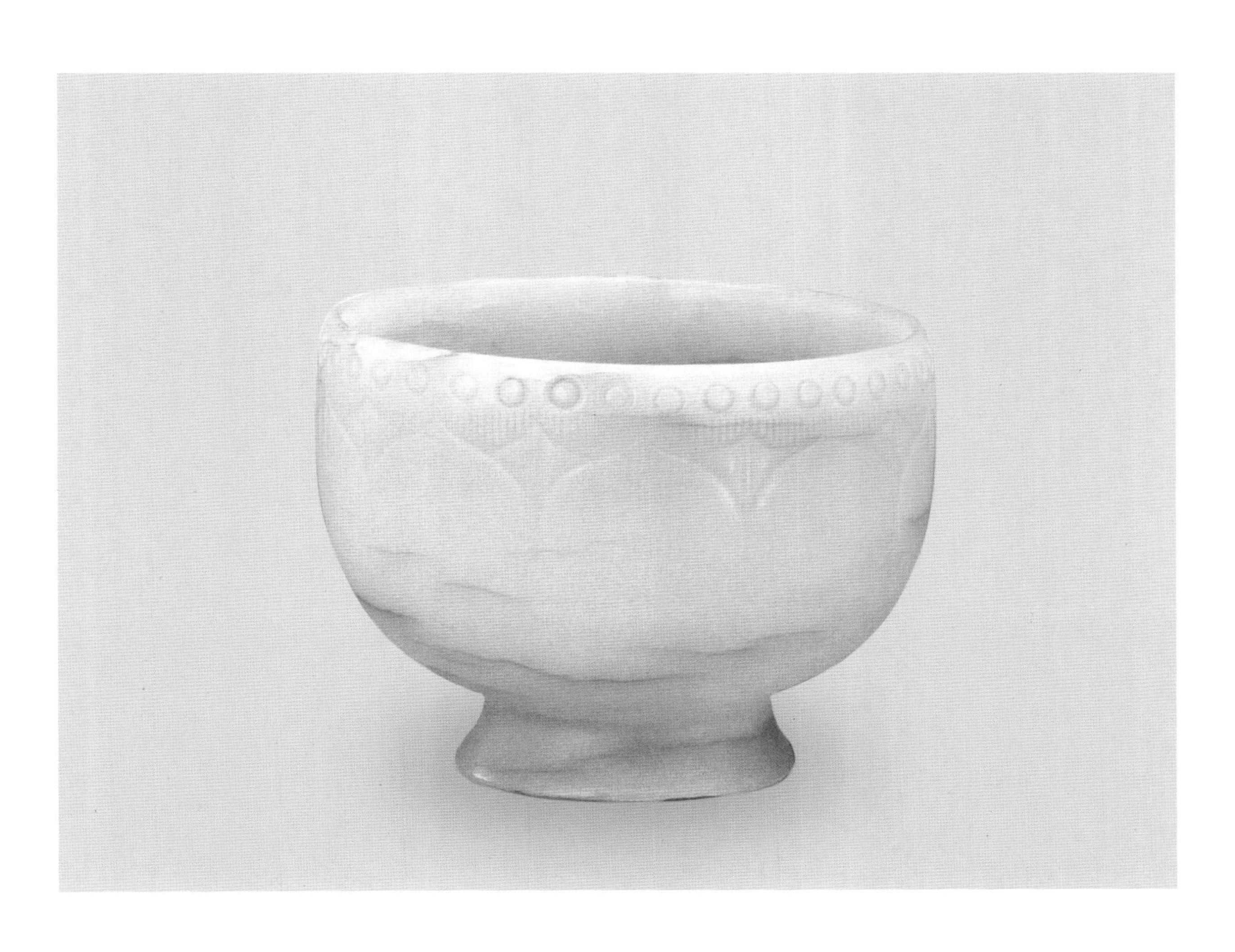

玉莲瓣纹碗 宋代
高 6 厘米，口径 8 厘米，足径 4.5 厘米
故宫博物院藏

青玉龙纹杯　宋代
高 4.9 厘米，宽 18.9 厘米，口径 13.9 厘米，底径 10 厘米

青玉龙纹杯纹样拓片

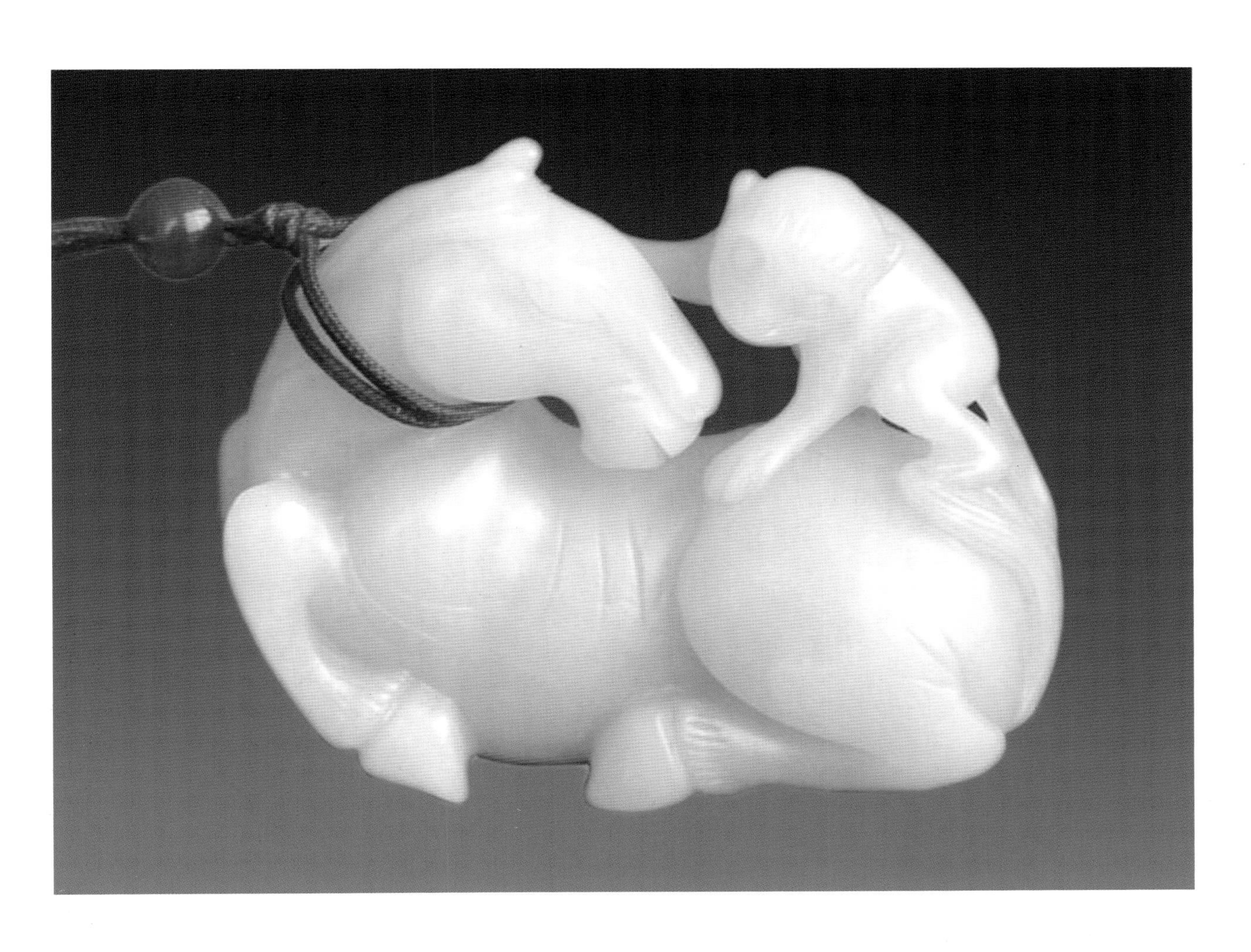

白玉马上封侯

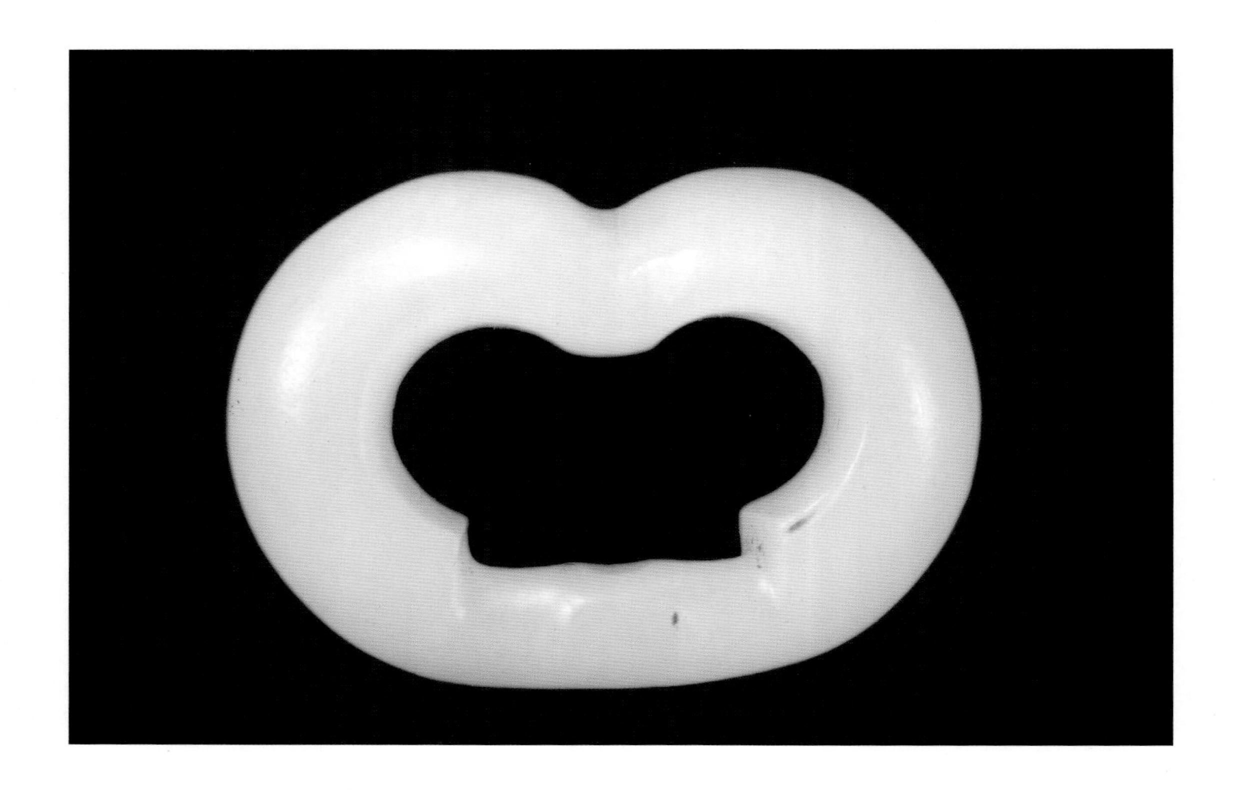

蹀躞带扣　王涛藏

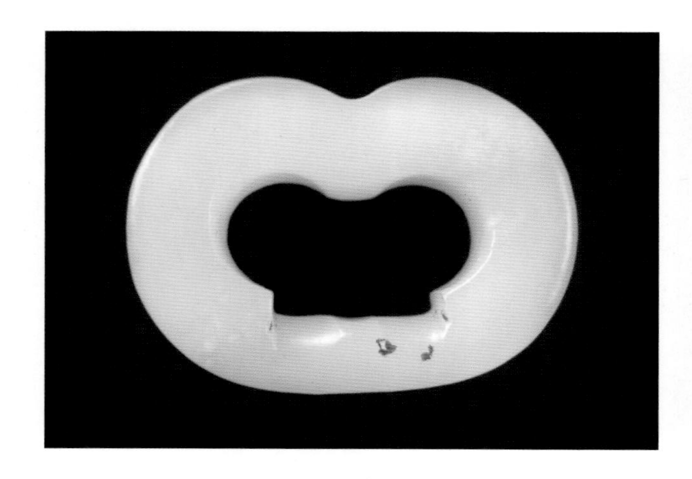

蹀躞带扣（背面）

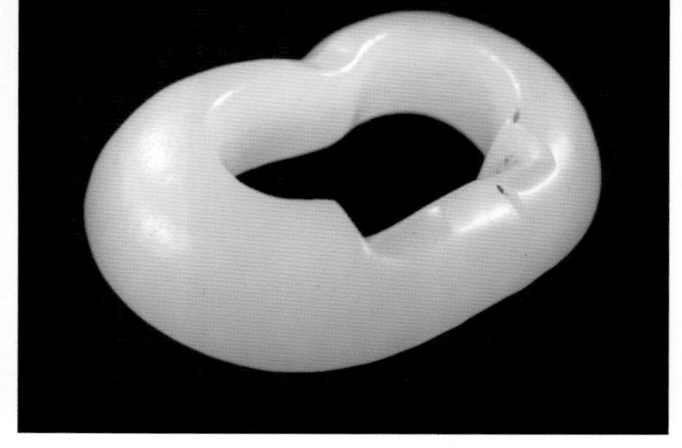

蹀躞带扣（侧面）

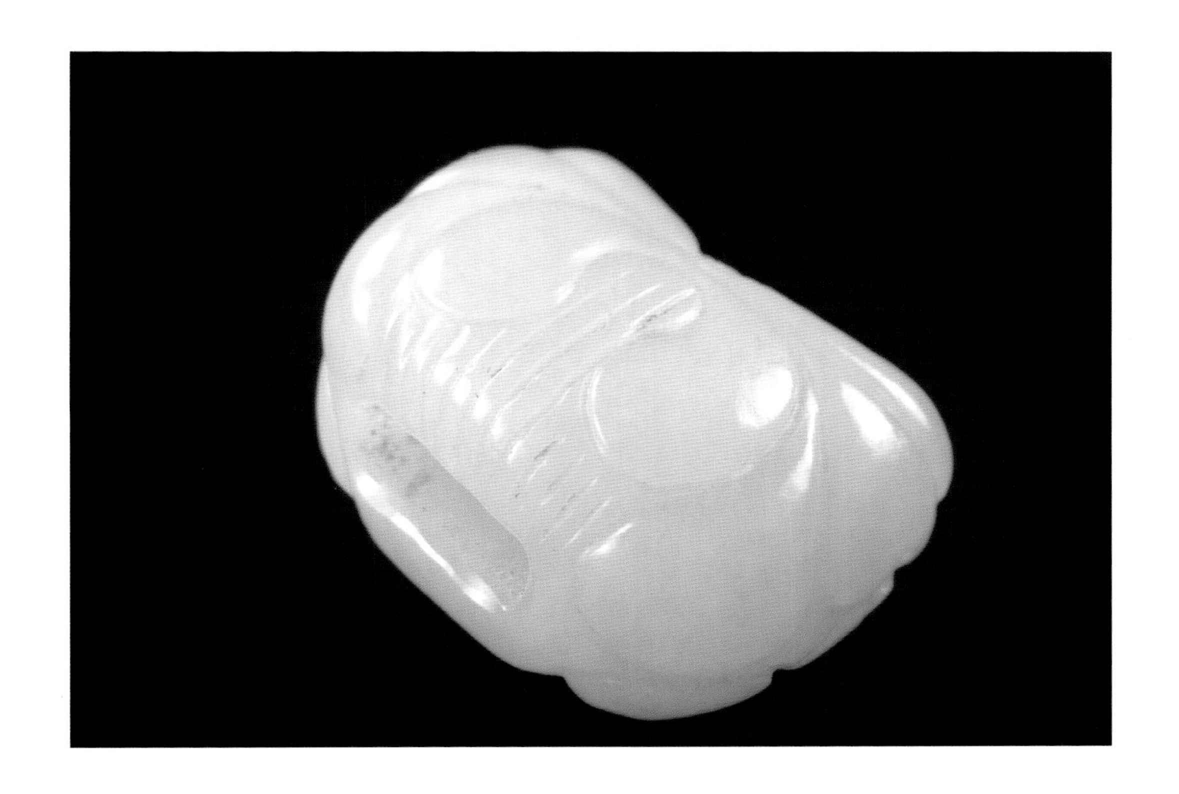

牡丹纹带穿 王涛藏

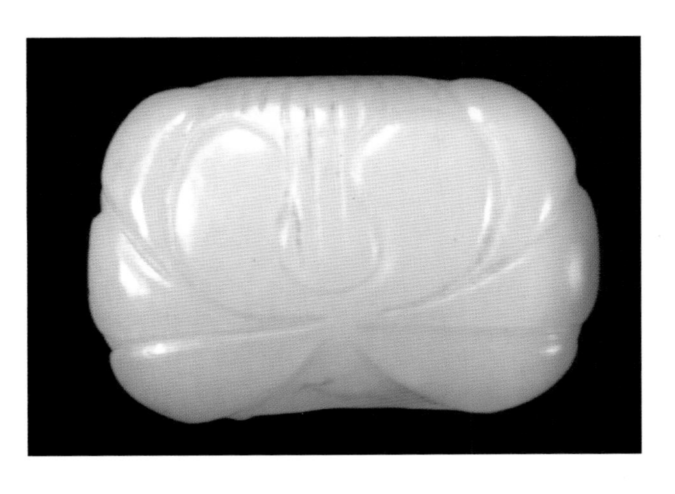

牡丹纹带穿（正面）

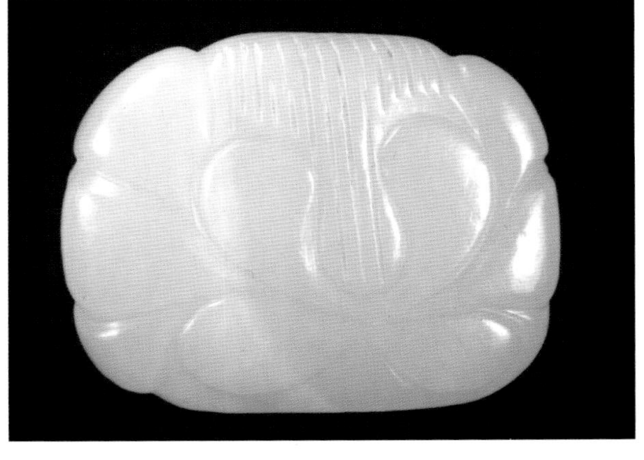

牡丹纹带穿（背面）

白玉龙纽押　元代
高 4.2 厘米，长 5.8 厘米，宽 4.9 厘米
故宫博物院藏

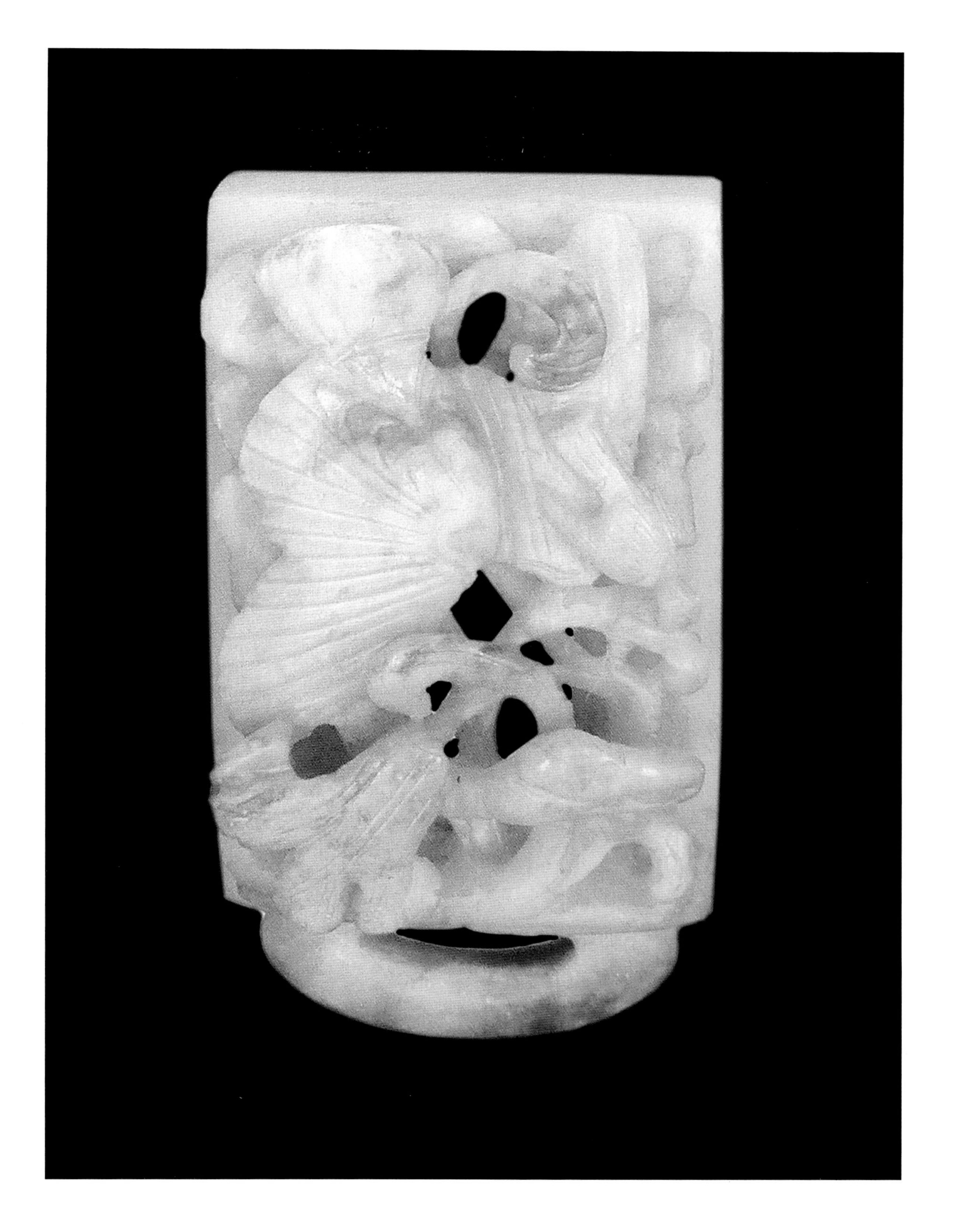

玉海东青啄天鹅图带銙(特写)

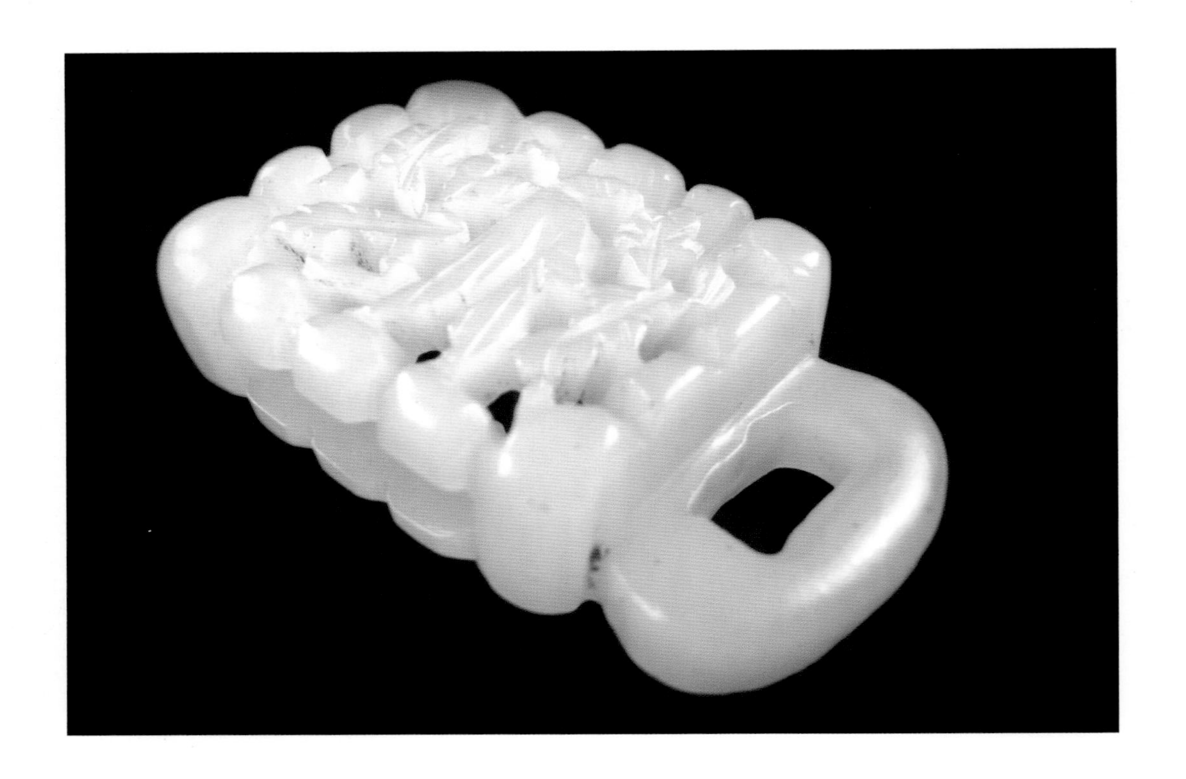

玉海东青纹样提携　王涛藏

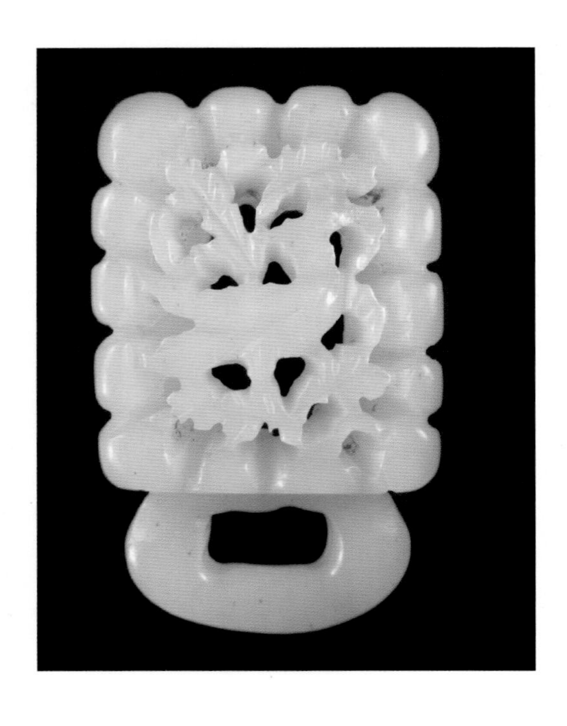

玉海东青纹样提携(正面)

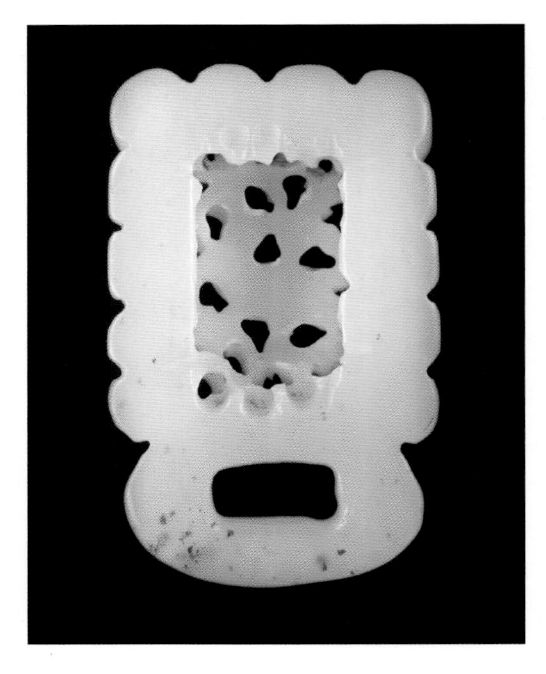

玉海东青纹样提携(背面)

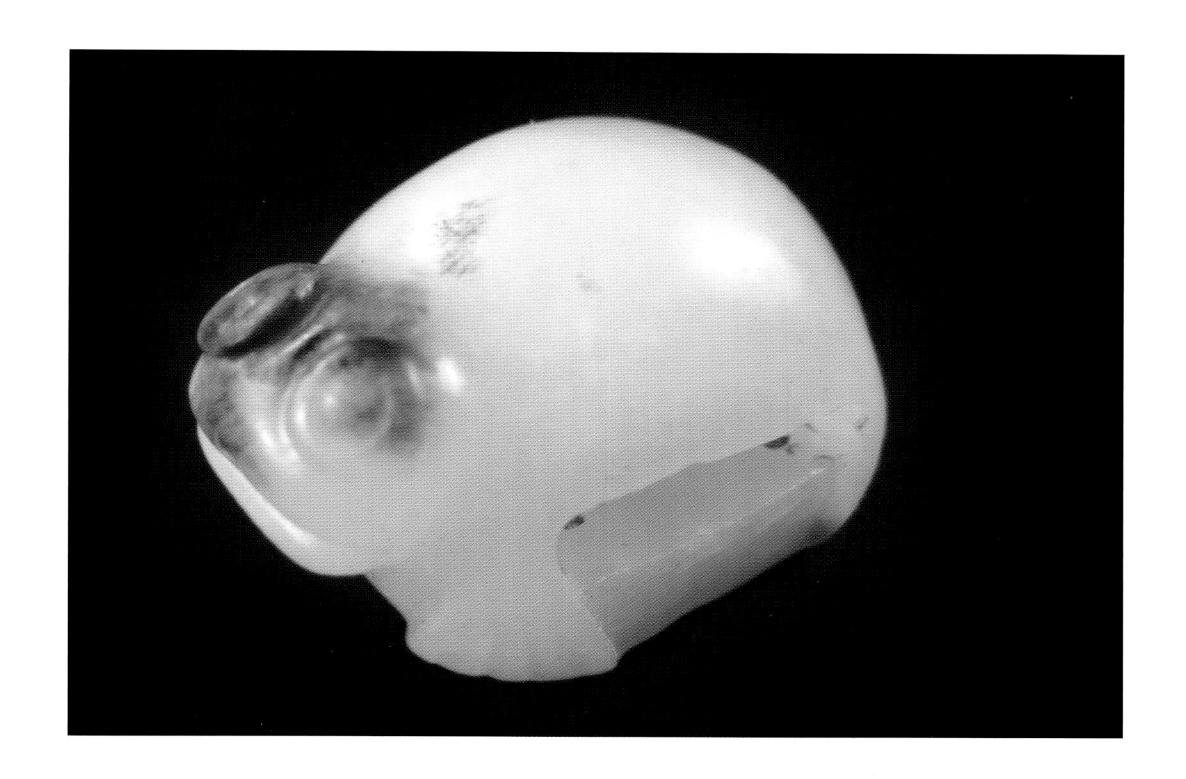

龟形带穿 王涛藏

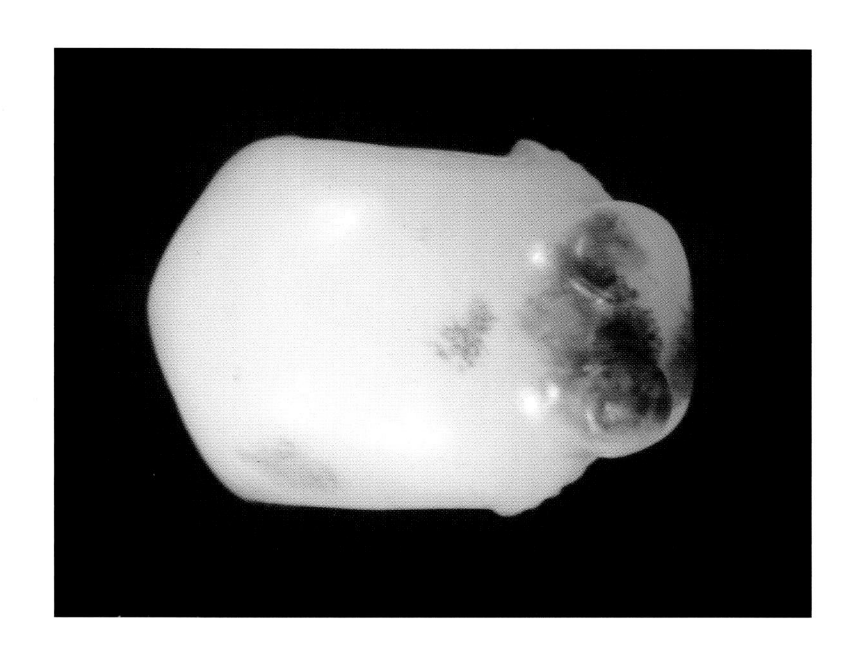

龟形带穿（顶面）

青玉龙传花纹带　明代
铊尾：长 14.9 厘米，宽 5.5 厘米，厚 0.9 厘米
大长方形带跨：长 8.6 厘米，宽 6 厘米，厚 0.9 厘米
小长方形带跨：长 5.5 厘米，宽 2.5 厘米，厚 0.9 厘米
心形带跨：长 5.5 厘米，宽 5.2 厘米，厚 0.9 厘米
故宫博物院藏

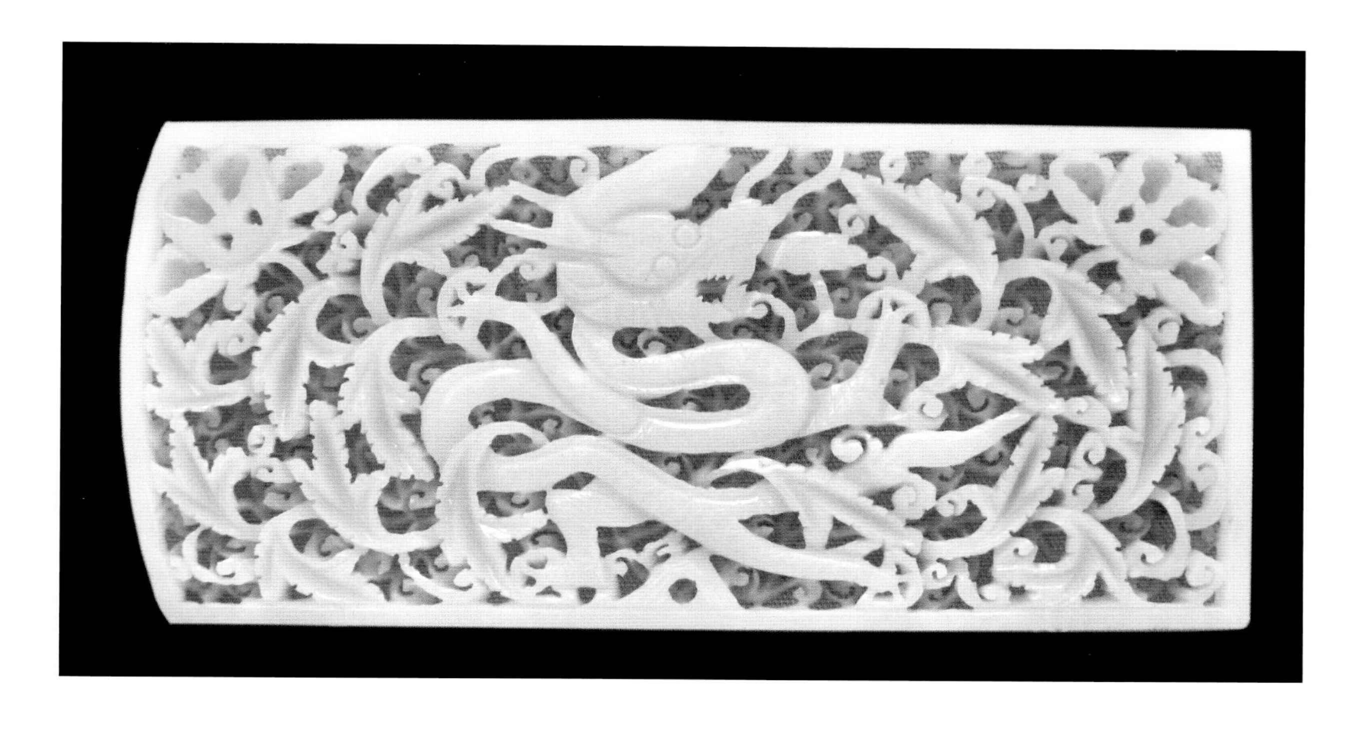

青玉龙传花纹大长方形带跨
现存英国伦敦大英博物馆

青玉双鱼龙纹样带跨
现存英国伦敦大英博物馆

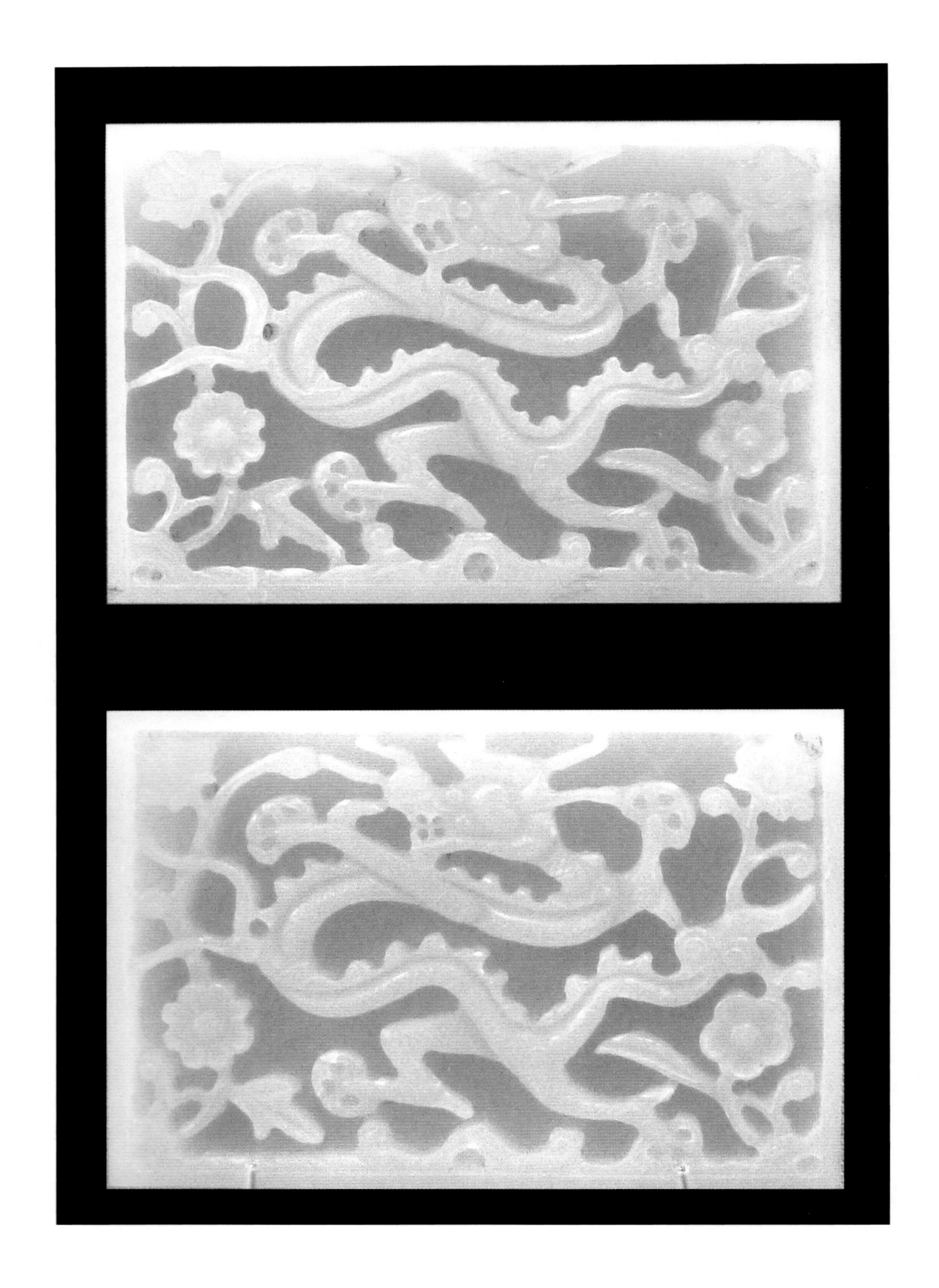

青玉龙传花纹长方形带跨（一）
现存英国伦敦大英博物馆

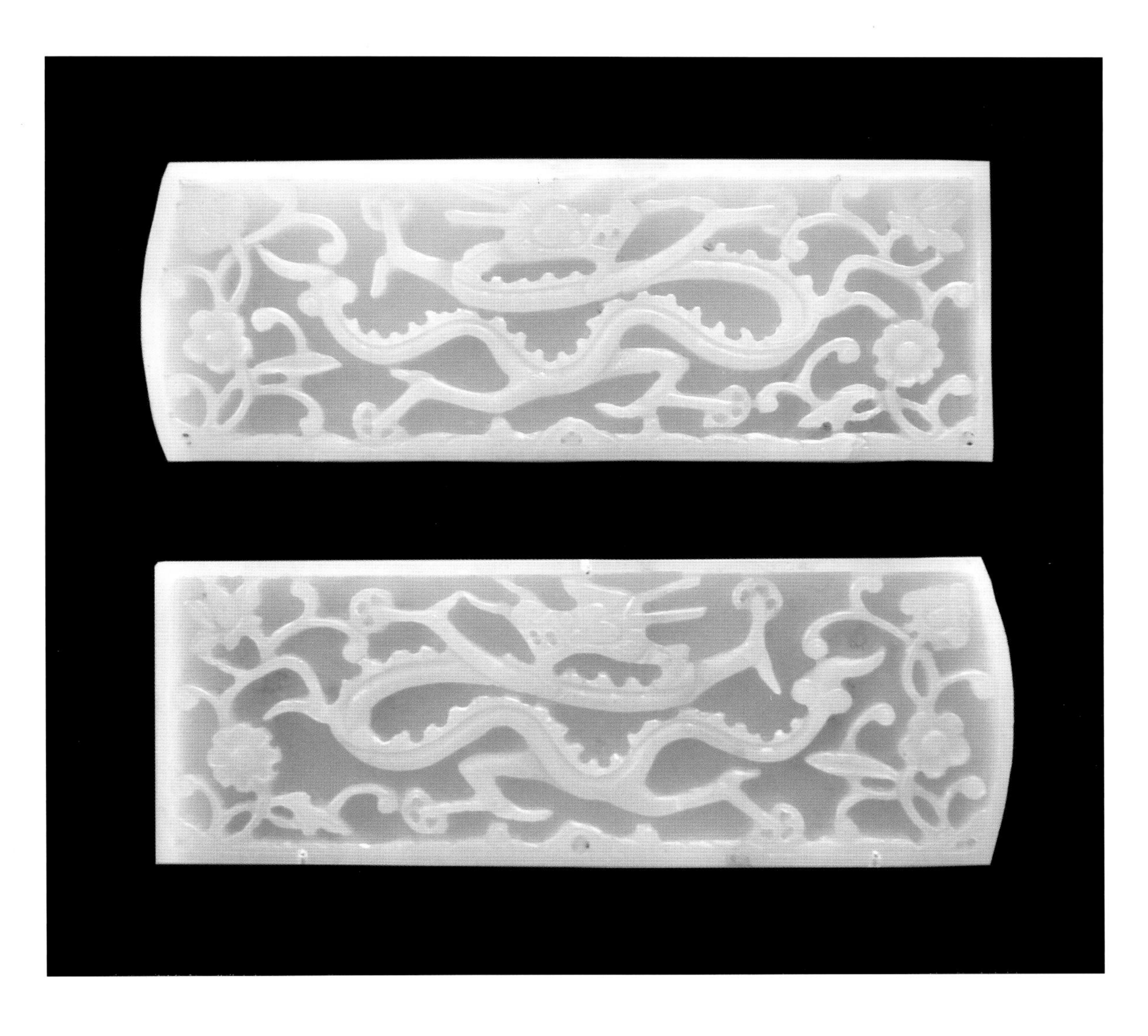

青玉龙传花纹长方形带跨(二)
现存英国伦敦大英博物馆

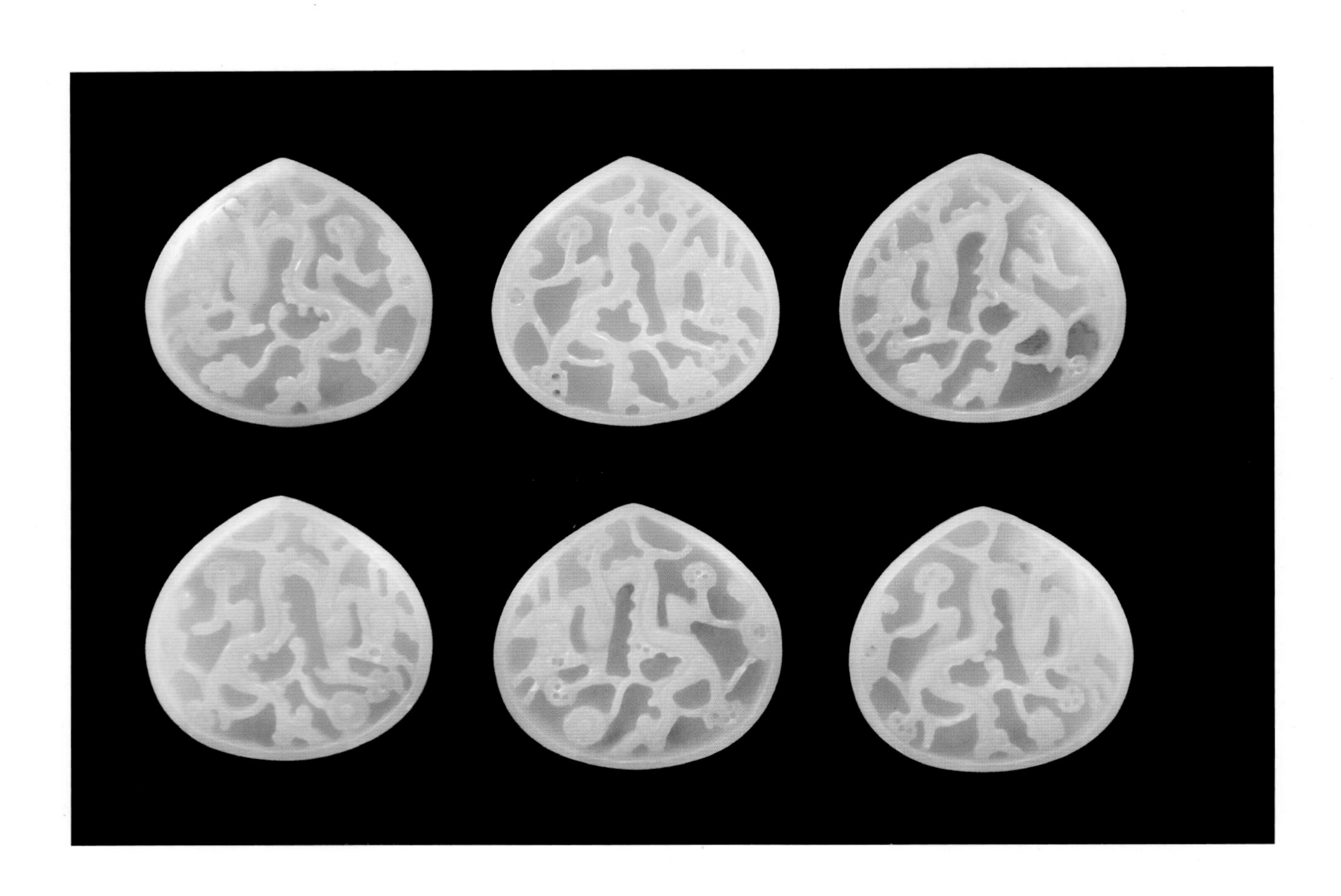

心形带跨　明代

现存英国伦敦大英博物馆

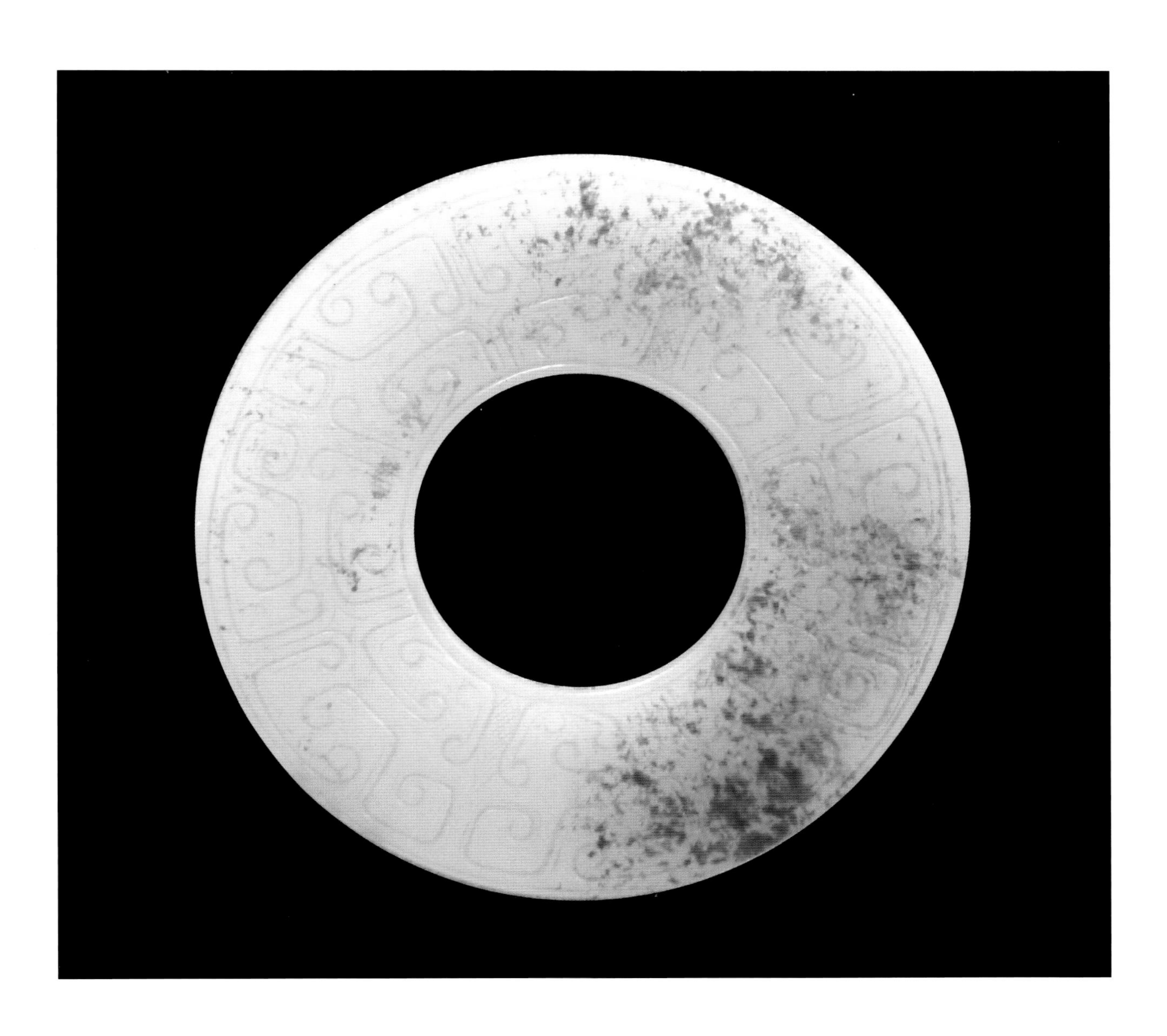

玉璧

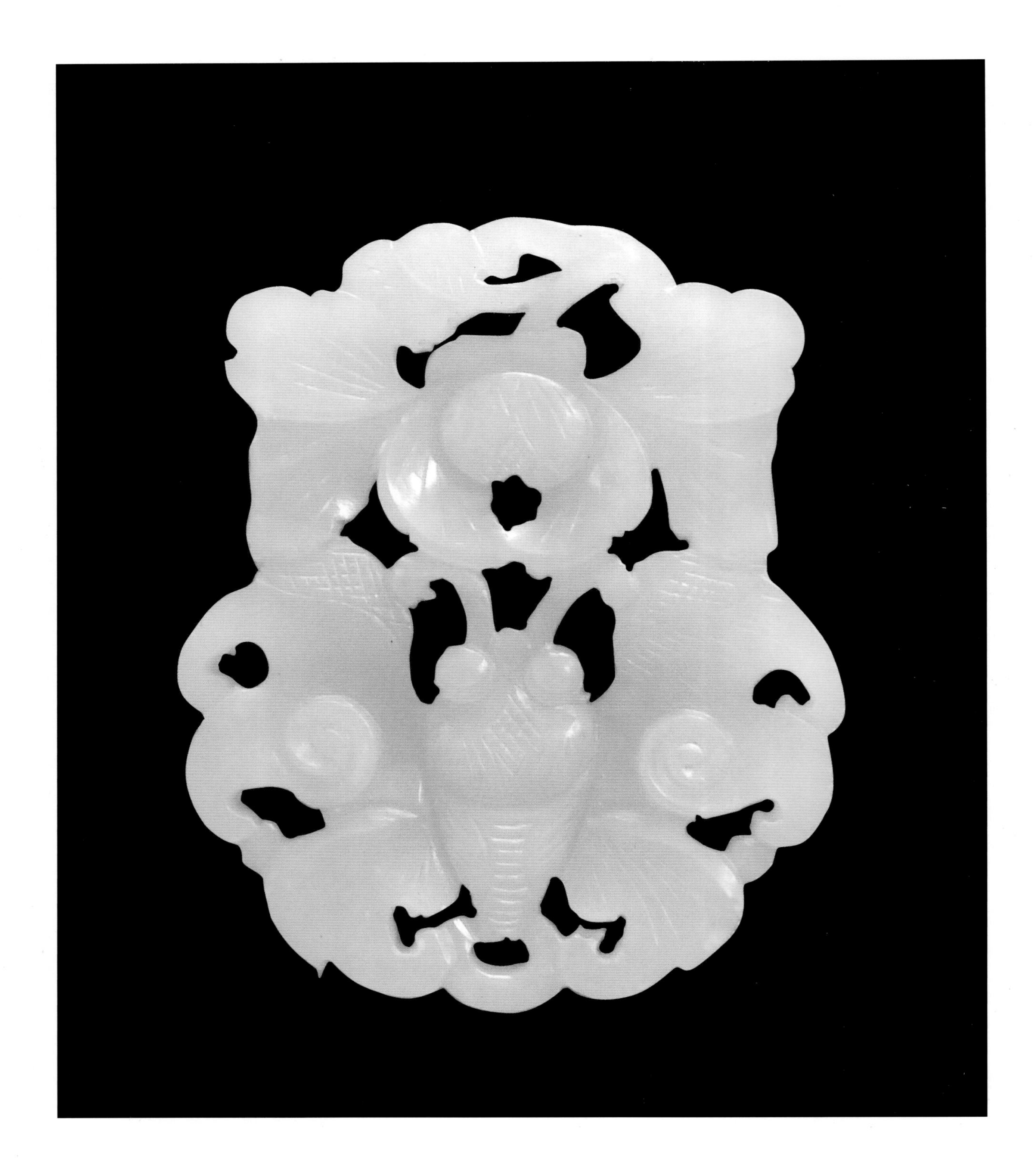

玉纹玉饰　现存英国伦敦大英博物馆

花纹挂件 现存英国伦敦大英博物馆

玉纽 现存英国伦敦大英博物馆

独角龙玉器　现存英国伦敦大英博物馆

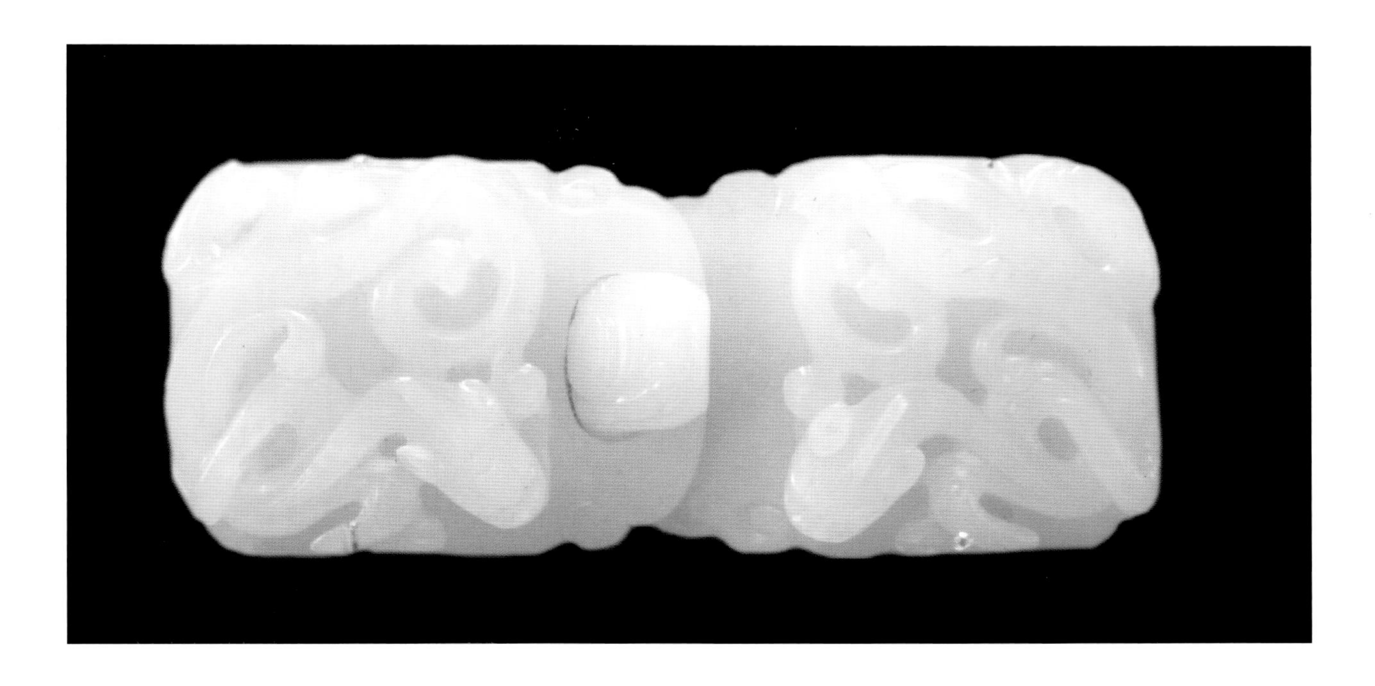

青玉龙传花纹带扣 明代
现存英国伦敦大英博物馆

玉带扣

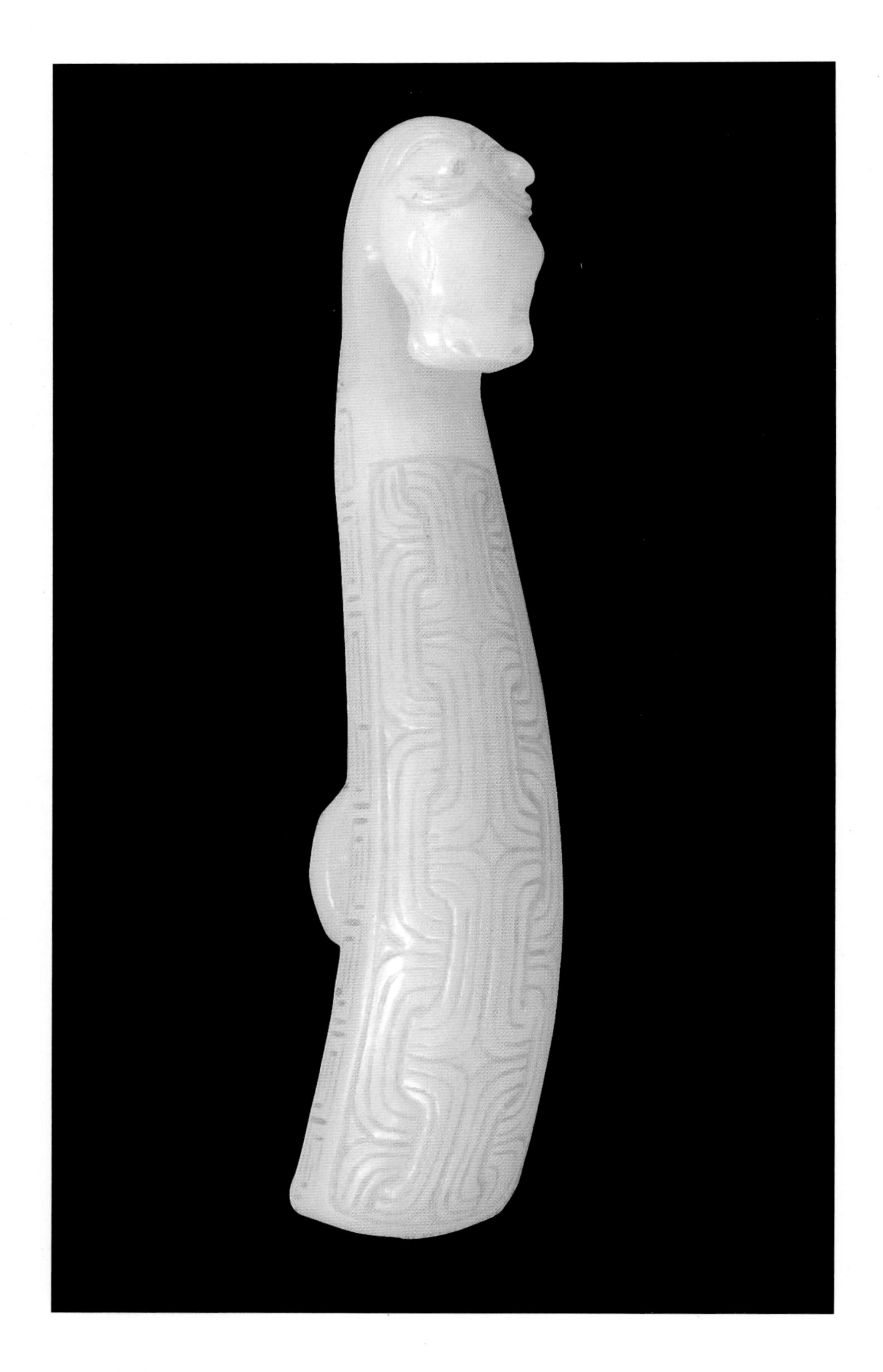

马首玉如意

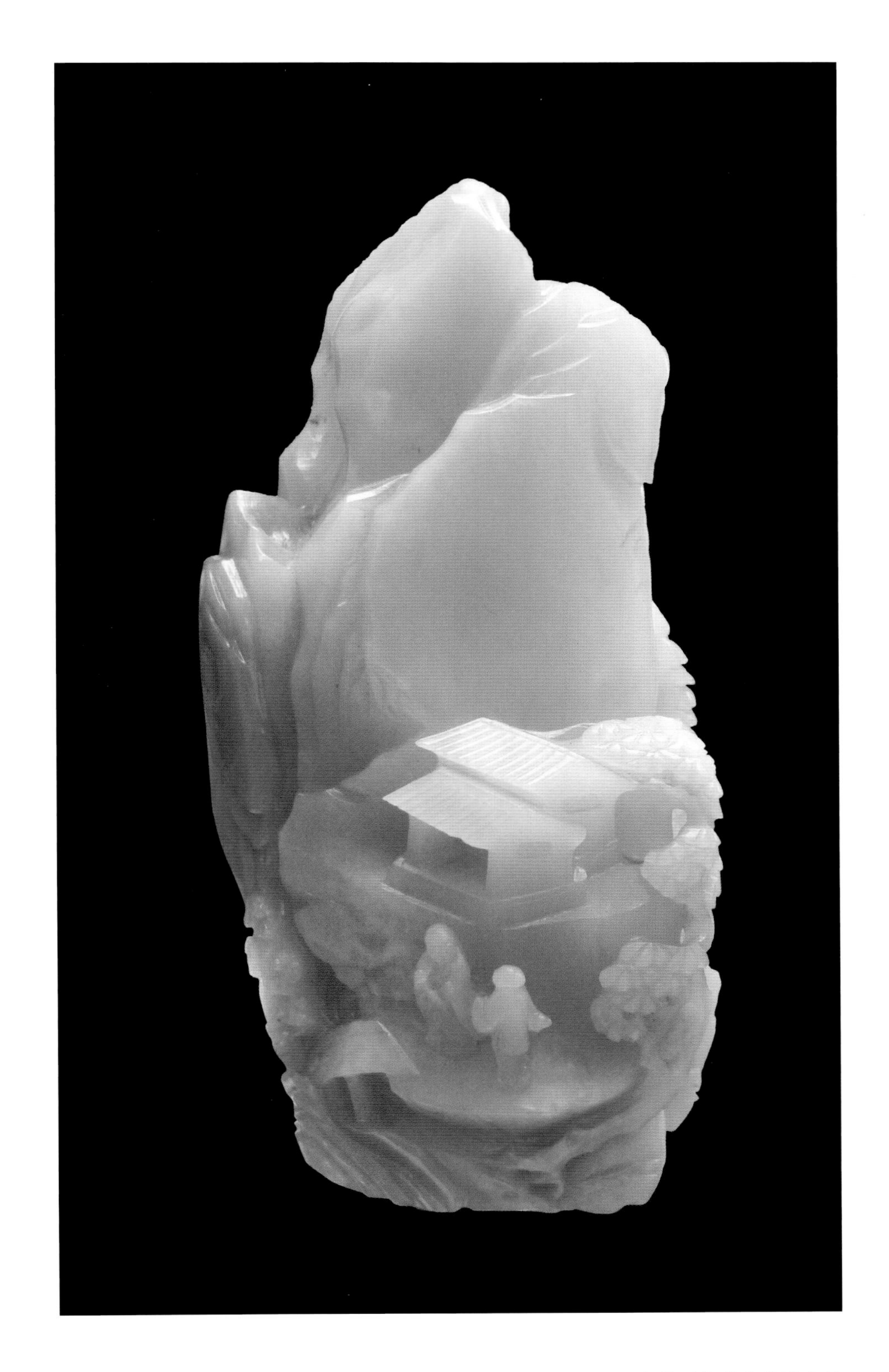

玉山 现存英国伦敦大英博物馆

青玉《八仙图》执壶　明代
高 27 厘米，口径 7.8 厘米，足径 6.5 厘米
故宫博物院藏

凤兽纹玉合卺白玉杯　明代
高 10.08 厘米，长 12.2 厘米，宽 8.8 厘米
故宫博物院藏

青玉花鸟纹碗　明代
高 7.1 厘米，口径 13.9 厘米
故宫博物院藏

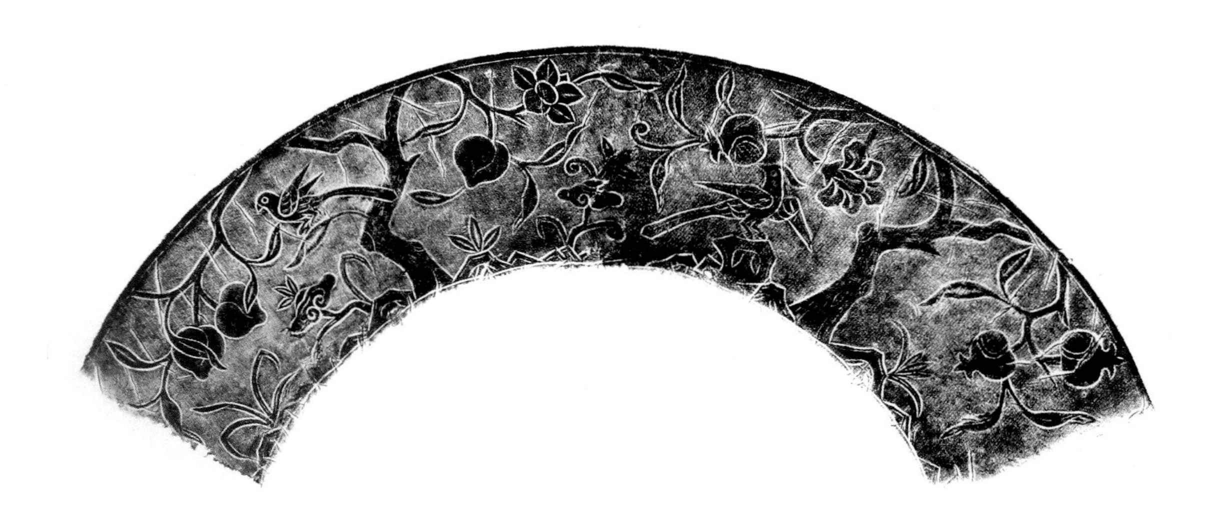

青玉花鸟纹碗纹样拓片

青玉碗　明代晚期或清代
高 7.3 厘米，口径 18.3 厘米，足径 10.3 厘米
故宫博物院藏

碧玉碗　明代晚期或清代
高 5.9 厘米，口径 13.2 厘米，足径 4.9 厘米
故宫博物院藏

青玉碗 明代晚期或清代
高 7.3 厘米，口径 18.3 厘米，足径 10.3 厘米
故宫博物院藏

碧玉碗　明代晚期或清代
高 5.9 厘米，口径 13.2 厘米，足径 4.9 厘米
故宫博物院藏

碧玉盘 清代或略早
高 9.8 厘米～10.3 厘米，口径 66.6 厘米，底径 27.4 厘米
故宫博物院藏

白玉双耳杯　清代雍正时期
高 4.4 厘米，长 9.5 厘米，宽 6.5 厘米
故宫博物院藏

白玉双耳杯杯底

白玉螭龙纹斧 清代乾隆时期
长 13.2 厘米，宽 5.7 厘米，厚 0.7 厘米
故宫博物院藏

青玉《观瀑图》山子　清代乾隆时期
高 10.4 厘米，宽 16.8 厘米，厚 9.7 厘米
故宫博物院藏

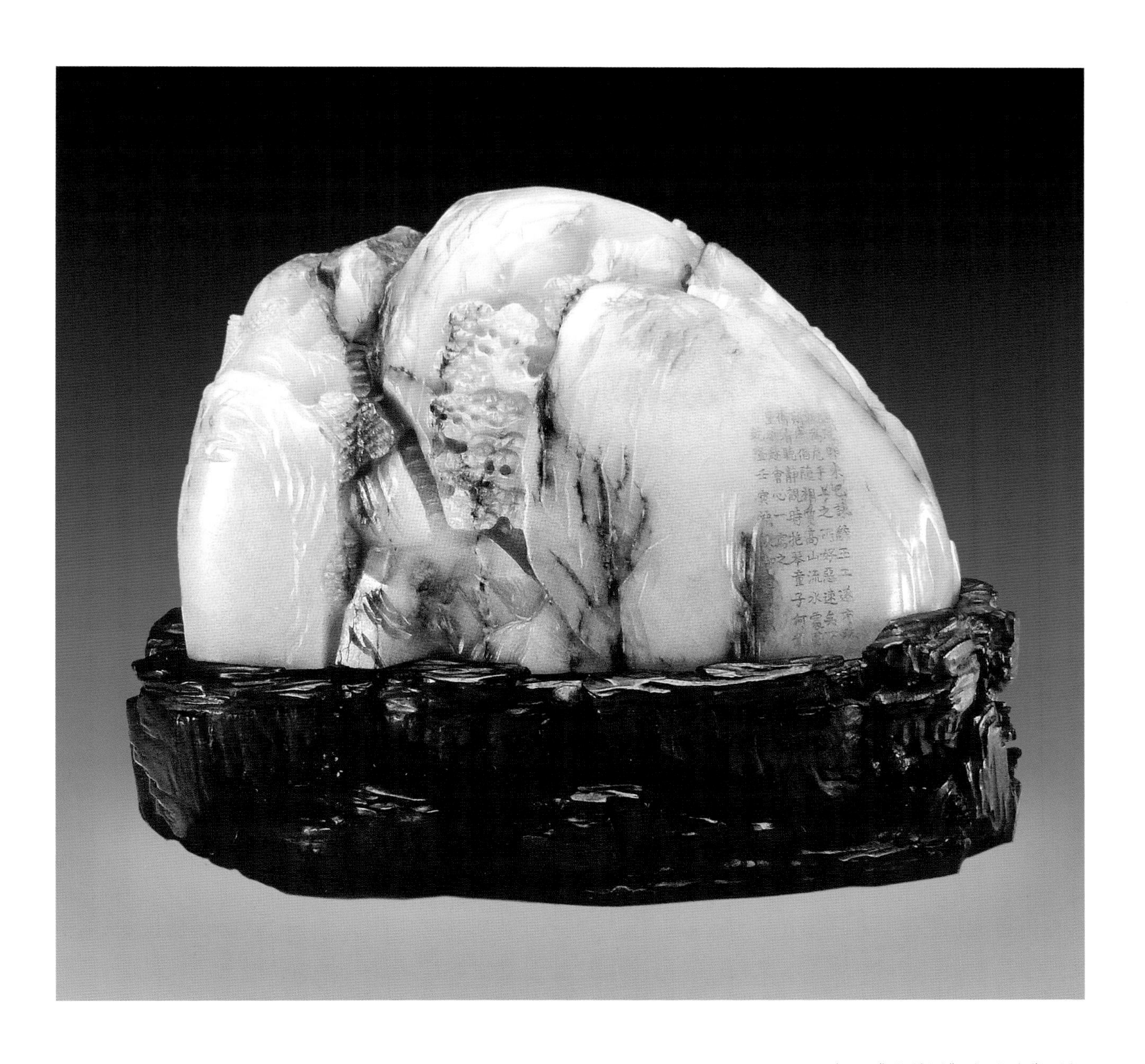

青玉《观瀑图》山子（背面）

青玉《大禹治水图》山子　清代乾隆时期
高224厘米，宽96厘米，厚95厘米
故宫博物院藏

青玉《大禹治水图》山子（局部一）

青玉《大禹治水图》山子（局部二）

青玉《秋山行旅图》山子　清代乾隆时期
高 130 厘米，宽 70 厘米，厚 30 厘米
故宫博物院藏

青玉《秋山行旅图》山子（局部一）

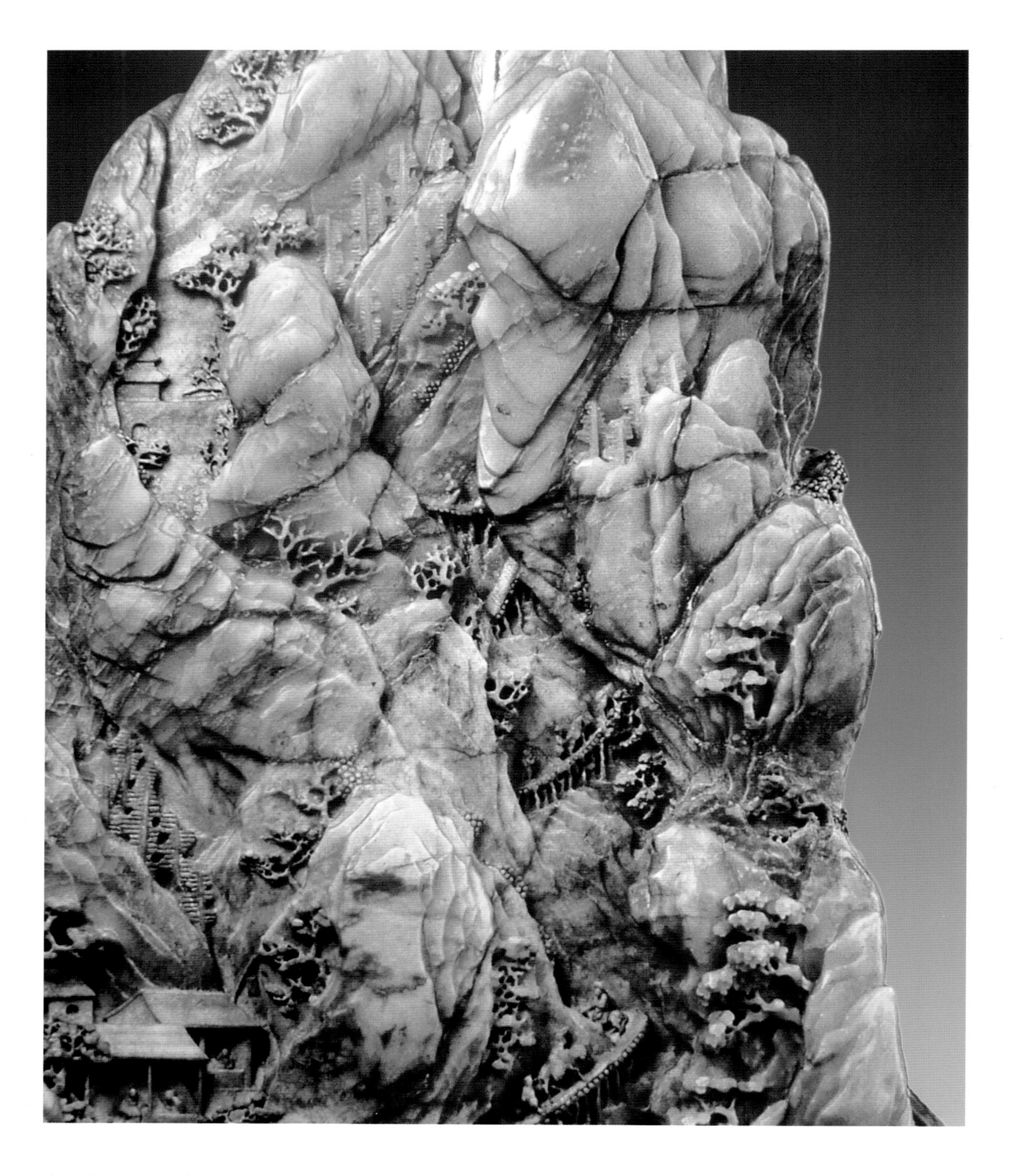

青玉《秋山行旅图》山子（局部二）

青玉《会昌九老图》山子 清代乾隆时期
高 115 厘米，宽 90 厘米，厚 65 厘米
故宫博物院藏

青玉《会昌九老图》山子（背面）

青玉《会昌九老图》山子顶部的描金隶书七言诗

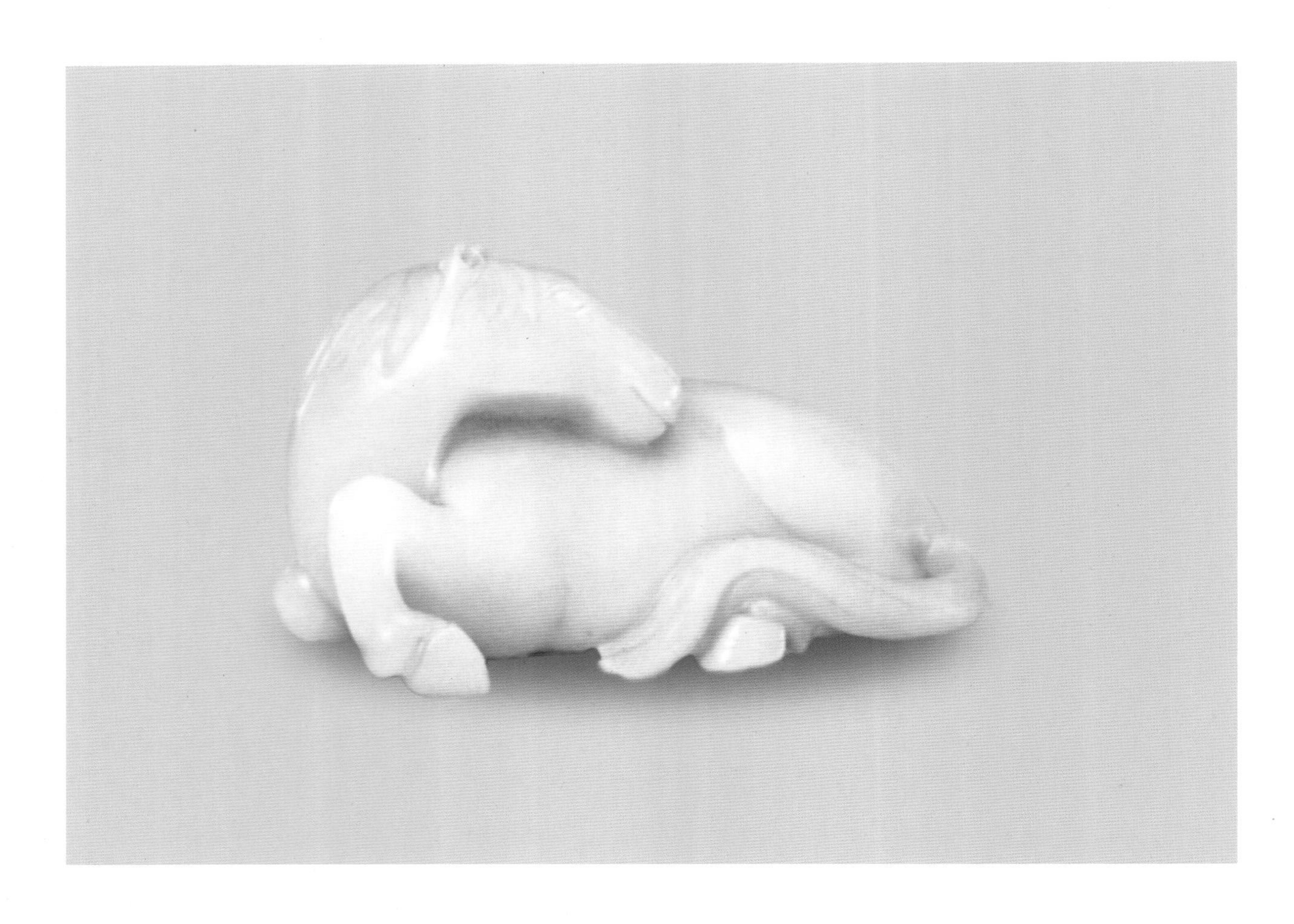

青玉卧马　清代
高 7.5 厘米，长 13.3 厘米，宽 7.8 厘米
故宫博物院藏

三羊开泰 清代
高 10.3 厘米，长 16.6 厘米，宽 16.2 厘米
故宫博物院藏

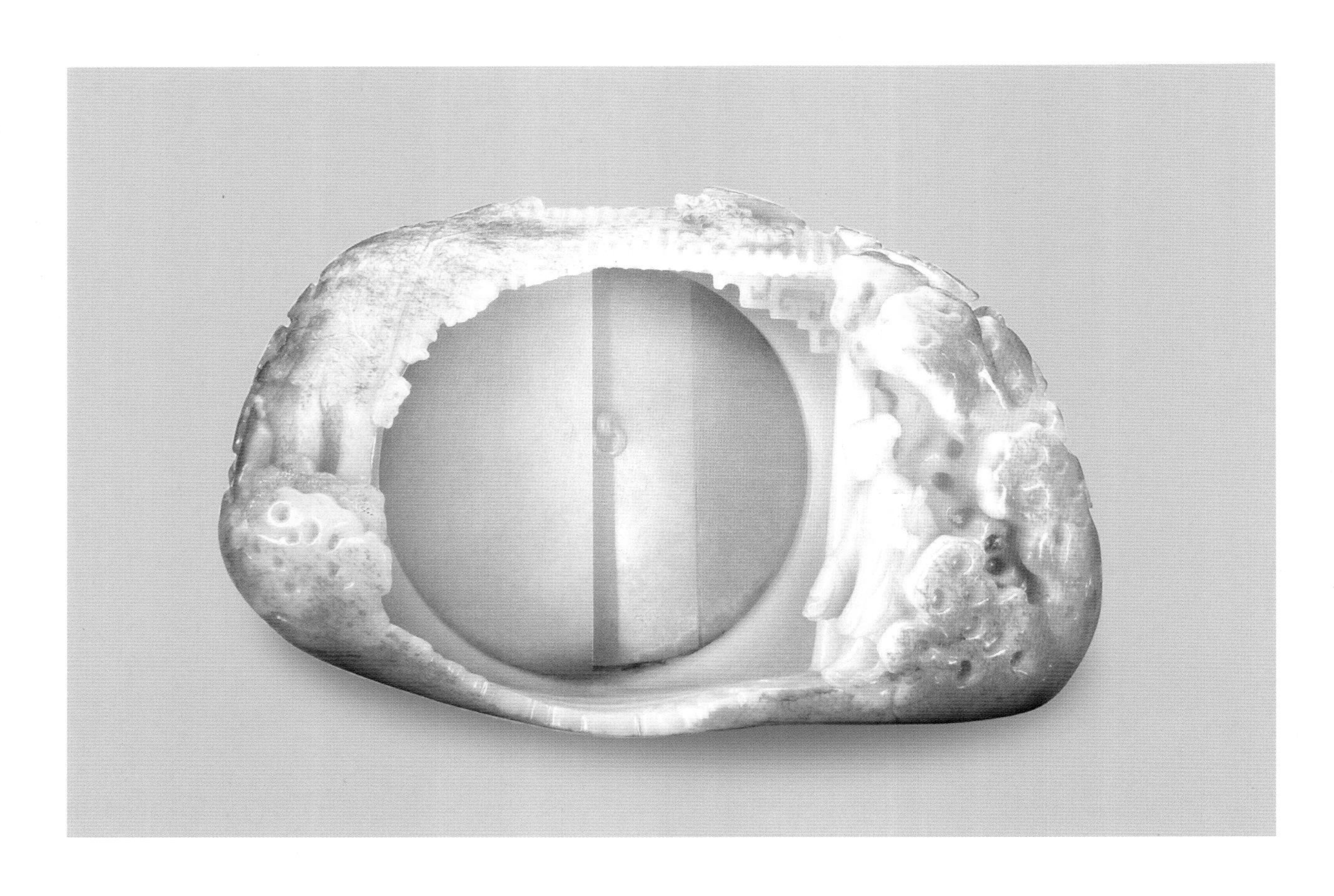

白玉《桐荫仕女图》摆件　清代乾隆时期
高 15.5 厘米，长 25 厘米，宽 11 厘米
故宫博物院藏

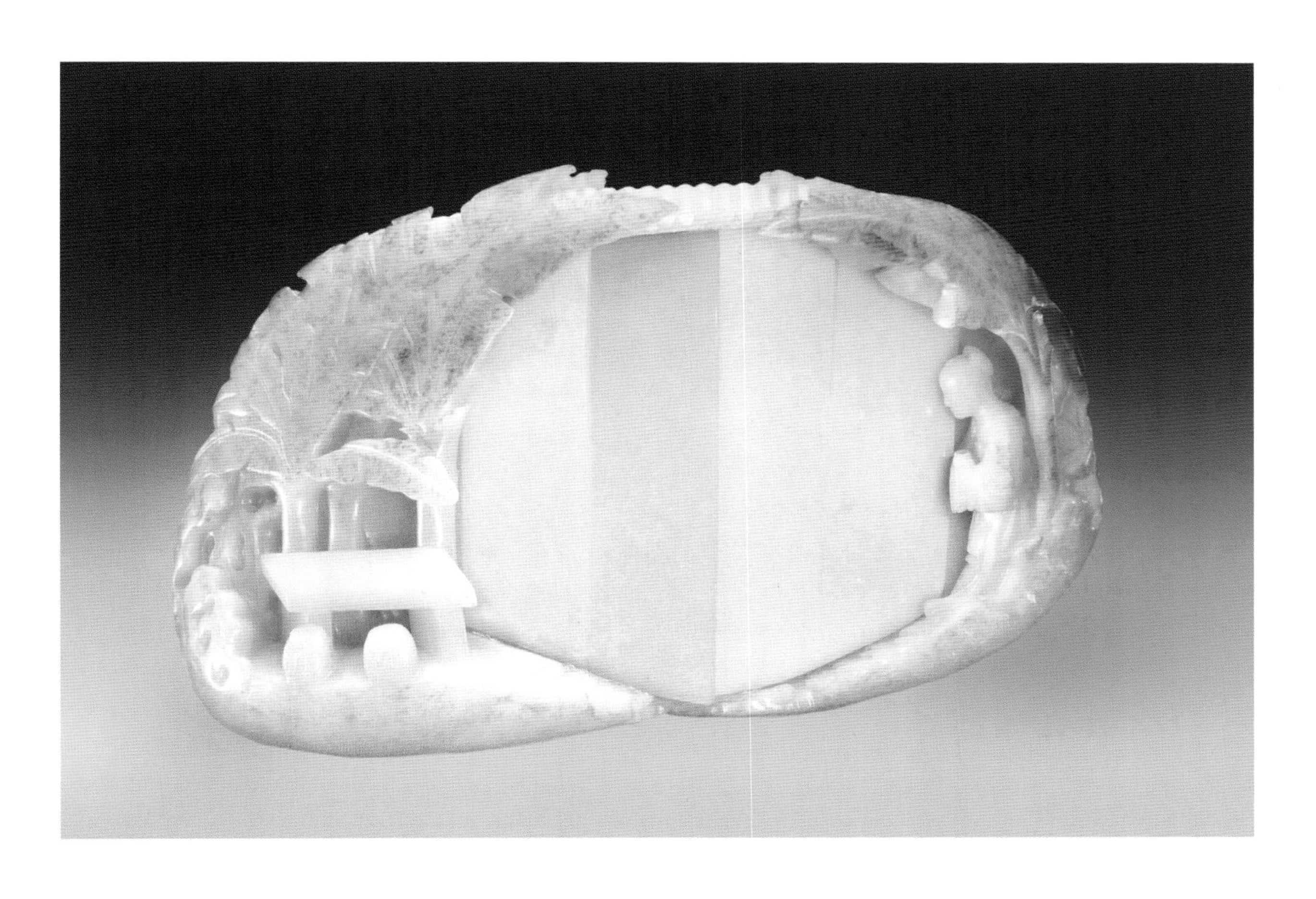

白玉《桐荫仕女图》摆件（背面）

青玉《渔舟唱晚》　清代
高 6.7 厘米，长 22.5 厘米，宽 4.3 厘米
故宫博物院藏

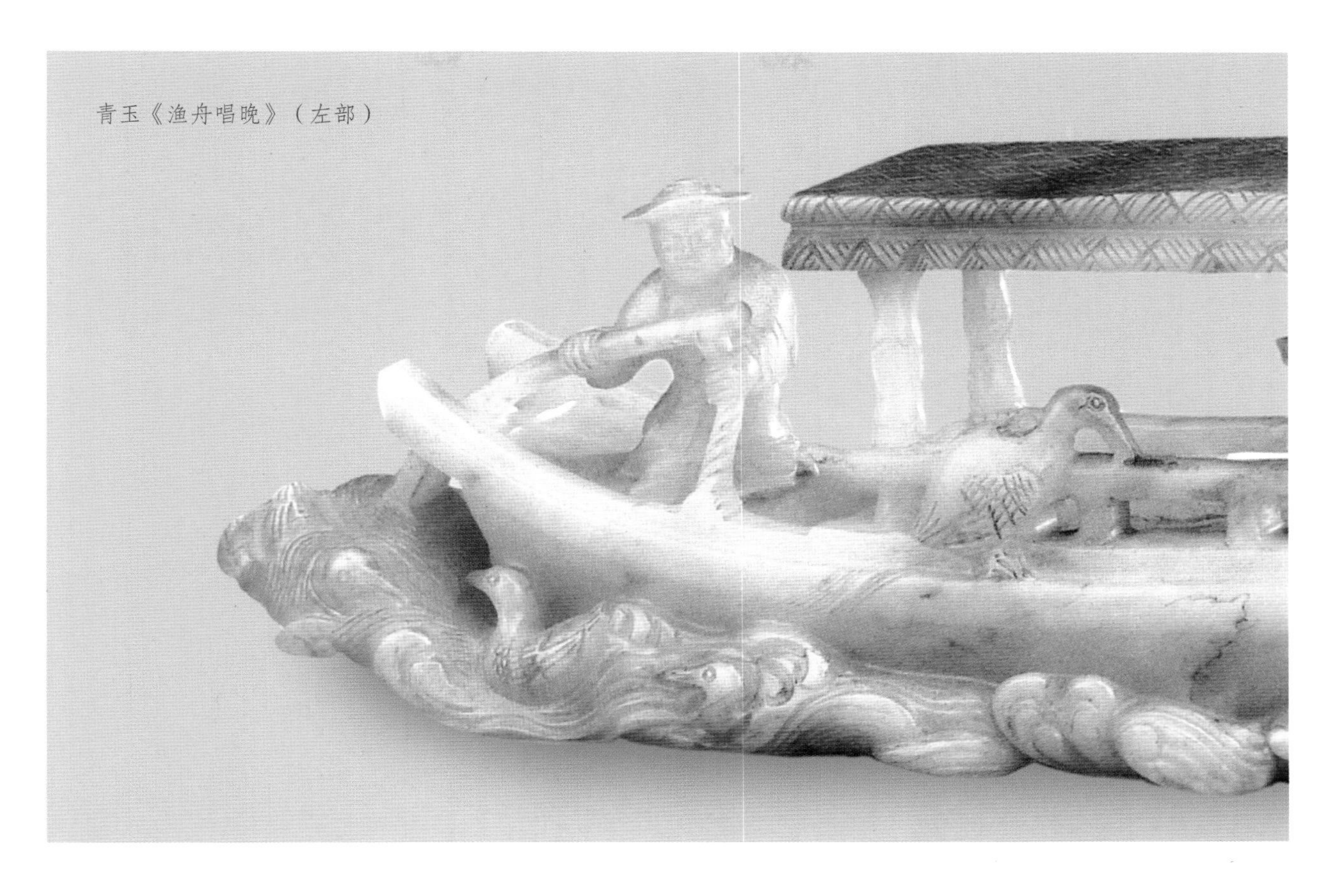

青玉《渔舟唱晚》（左部）

青玉《渔舟唱晚》（右部）

青玉五子笔架　清代
高 4.6 厘米，长 12.5 厘米，宽 2.3 厘米
故宫博物院藏

青玉五子笔架（左部）

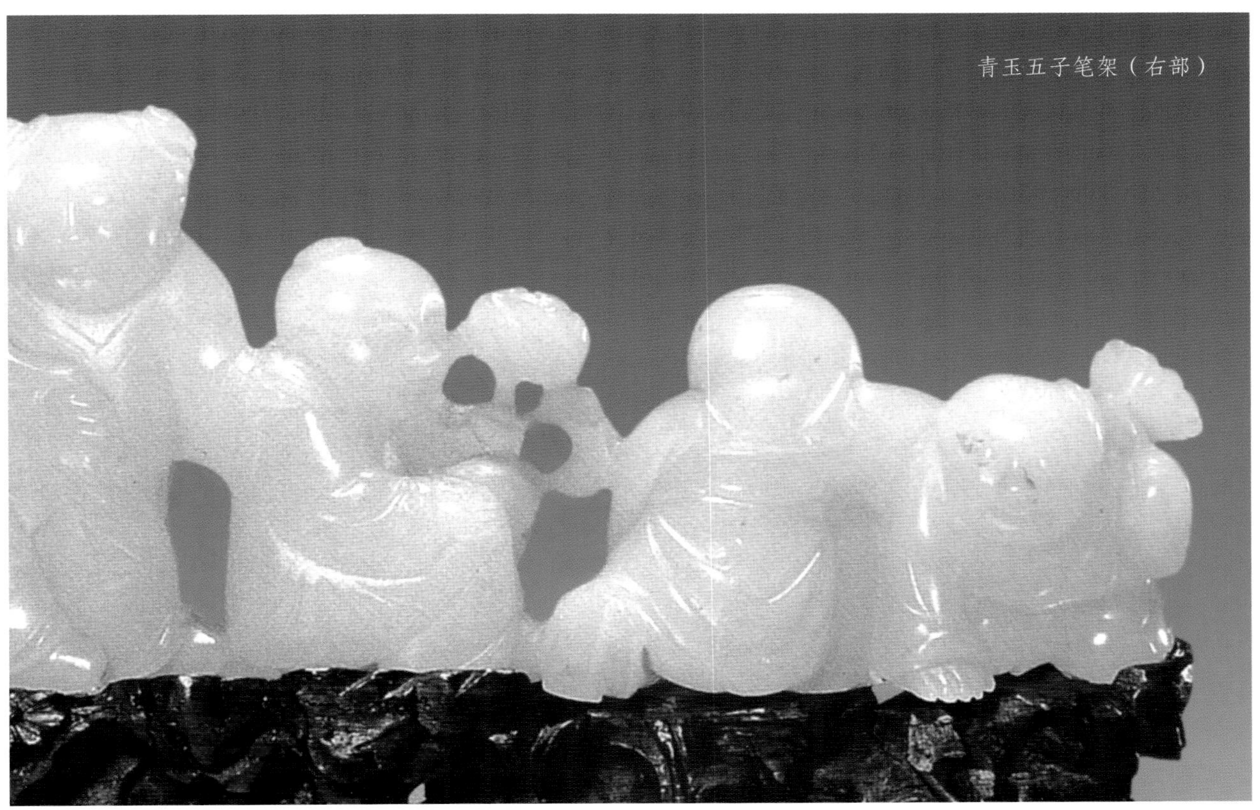

青玉五子笔架（右部）

青玉《赤壁赋图》山子　清代
高 14.2 厘米，宽 20 厘米，厚 4 厘米
故宫博物院藏

青玉《赤壁赋图》山子（背面）

白玉羊首瓜棱形壶　清代乾隆或嘉庆时期
高 10.1 厘米，口径 8.9 厘米，足径 6.8 厘米
故宫博物院藏

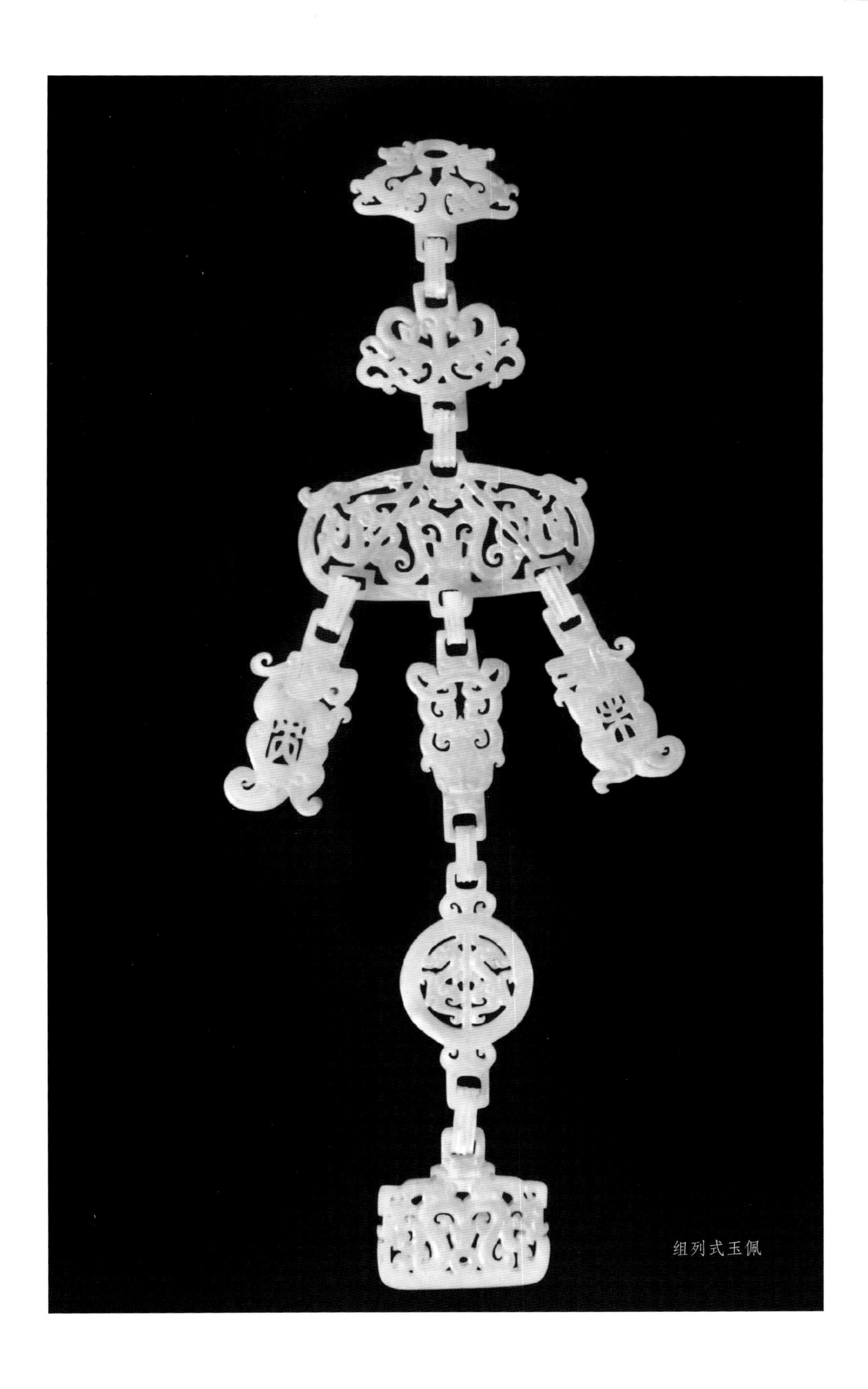

组列式玉佩

参考文献

[1] 杨汉臣，等 . 新疆宝石与玉石 [M]. 乌鲁木齐：新疆人民出版社，2012.

[2] 唐延龄 . 和田玉探奇 [M]. 乌鲁木齐：新疆美术摄影出版社，2007.

[3] 周南泉，张广文 . 玉器鉴定 [M]. 福州：福建美术出版社，2010.

[4] 程越 . 古代和田玉向内地输入综略 [J]. 西域研究，1996（3）.

[5] 王丽娜 . 地名“和田”文化考 [J]. 和田师范专科学校学报，2008（5）.

[6] 杨伯达 . 中国和田玉玉文化叙要 [J]. 中国历史文物，2002（6）.

[7] 白峰，吴瑞华 . 和田玉在中国古玉器中的地位 [J]. 岩石矿物学，2002（2）.

[8] 李岩 . 和田玉造型艺术研究 [D]. 中国地质大学（北京），2011.

[9] 殷晴 . 唐宋之际西域南道的复兴——于阗玉石贸易的热潮 [J]. 西域研究，2006（1）.

[10] 张文德 . 明与西域的玉石贸易 [J]. 西域研究，2007（3）.

[11] 周晓晶 . 清代和田玉的开发与使用 [J]. 辽宁省博物馆馆刊，2010.

[12] 仲应学 . 清代昆仑贡玉轶闻记 [J]. 新疆社会科学，2005（1）.

[13] 孔富安 . 中国古代制玉研究 [D]. 山西大学（太原），2007.

[14] 故宫博物院 . 故宫玉器图集 [M]. 北京：故宫出版社，2013.

后 记

本丛书书稿在2015年初步编写完成。2016年，新疆文化出版社组织专家在北京举办研讨会，我们将丛书初稿提交讨论，经过多方征求意见和审稿，专家和出版社对丛书体例与写作方法给予了肯定。会后，我们根据多方意见修改后交稿，并入选国家出版基金项目。

以往的美术类出版物，多以图版欣赏和简单阐释为主，《西域美术研究》则是在前人研究成果的基础之上,用美术学与比较美术学的方法来研究和展示，图文并茂、内容丰富。同时，依据新疆考古发现进行比对，其中的《西域绘画艺术》通过石窟壁画与出土文物来研究对比；《西域雕塑艺术》则依据出土的石雕、木雕等文物来进行研究。此外，很多西域出土的文物流失海外，图片源自国外博物馆，我们仍运用了比较美术学的方法来进行研究考证。

限于各方面条件，书稿难免会存在不足和缺陷，敬请指正。

周菁葆　孙大卫

2023年12月